人工智能辅助 Arduino 编程与硬件实现

从入门到高手

孙志华　张俏◎编著

化学工业出版社

·北京·

内 容 简 介

本书是一部从基础到进阶的Arduino学习宝典，涵盖Arduino介绍、开发编程语法基础、硬件基础实战及人工智能高级进阶应用。本书首先讲解了Arduino的特点，以及Arduino IDE软件的安装和功能介绍。随后深入讲解了Arduino开发语言及程序架构，包括数据类型、数组与字符串、数据运算及Arduino基本函数。接着讲解了Arduino硬件基础，通过丰富的实战项目，如LED控制、传感器应用及OLED显示等，使读者掌握硬件控制技能。最后本书引领读者进入人工智能领域，通过智能箱体、四驱小车及对话机器人等项目，展示Arduino与ESP32、树莓派等硬件平台的结合应用，探索物联网与AI的前沿技术。本书适合Arduino初学者及进阶学习者，助力读者在编程与硬件控制领域掌握前沿技术。

本书结构清晰、内容丰富、实践性强，通过学习本书内容，读者能够全面掌握Arduino编程与硬件控制技能，并激发创新思维，开启物联网与人工智能领域的全新探索。

图书在版编目(CIP)数据

人工智能辅助Arduino编程与硬件实现从入门到高手 / 孙志华，张俏编著. -- 北京 : 化学工业出版社，2025.6. -- ISBN 978-7-122-47869-6

Ⅰ. TP368.1

中国国家版本馆CIP数据核字第202540PD55号

责任编辑：杨　倩　　　　　　　　　封面设计：异一设计
责任校对：张茜越　　　　　　　　　装帧设计：盟诺文化

出版发行：化学工业出版社（北京市东城区青年湖南街13号　邮政编码100011）
印　　装：河北延风印务有限公司
710mm×1000mm　1/16　印张15　字数291千字　2025年6月北京第1版第1次印刷

购书咨询：010-64518888　　　　　　　售后服务：010-64518899
网　　址：http://www.cip.com.cn
凡购买本书，如有缺损质量问题，本社销售中心负责调换。

定　价：79.00元　　　　　　　　　　　版权所有　违者必究

前　言

在21世纪的科技浪潮中，物联网（Internet of Things，简称IoT）、人工智能（Artificial Intelligence，简称AI）与嵌入式系统技术犹如3颗璀璨的明珠，交相辉映，共同引领着全球科技创新的壮丽航程。它们不仅深刻地改变了人们的生活方式，更在无形中重塑了社会的每一个角落。从智能家居的温馨、便捷，到智慧城市的高效管理；从未来自动驾驶汽车的出行愿景，到跨越时空的远程医疗救治奇迹，这些前沿技术的融合与应用，如同织就了一张覆盖全球的科技网络，极大地提升了人类社会的运行效率，更为人们开启了一个充满无限想象与可能的新纪元。

在这股技术创新的洪流中，Arduino以其独特的魅力脱颖而出，成为连接物理世界与数字世界的桥梁。作为开源电子原型平台的佼佼者，Arduino不仅继承了开源文化的精髓——开放、共享、协作，更以其易用性、灵活性和强大的社区支持，赢得了全球电子爱好者、创客、教育工作者及专业开发者的青睐。

Arduino的易用性是其广受欢迎的重要原因之一。即便是没有任何编程和电子制作经验的初学者，也能通过简单的步骤迅速上手，体验到编程与电子制作的乐趣，极大地降低了技术创新的门槛，也让更多的人有机会参与到这场科技革命之中。

而Arduino的灵活性，则赋予了用户无限的创意空间。无论是想要制作一个简单的发光二极管（Light-emitting diode，LED）闪烁装置，还是想要挑战完成复杂的机器人控制系统，Arduino都能提供强大的支持。通过丰富的扩展板和传感器，用户可以轻松实现各种创意想法。

此外，Arduino还拥有强大的社区支持。这个由全球电子爱好者、创客和专业开发者组成的庞大社群，不仅提供了丰富的资源、案例和经验分享，更为用户提供了一个交流学习、共同成长的平台。在这个社区中，每一个问题都能找到解答，每一次尝试都能得到反馈，让学习之路不再孤单。

本书旨在为读者提供一条从Arduino基础入门到高级进阶的清晰学习路径，

帮助读者逐步构建起扎实的编程基础，掌握Arduino开发的精髓，并能够将所学知识应用于实际项目，解决实际问题，激发创新思维。

本书共分为4章，每章都围绕特定的主题展开，从基础到进阶，层层深入。我们将详细介绍Arduino的基本概念、硬件组成、开发环境搭建等基础知识，帮助读者建立起对Arduino编程的初步认识。我们还将深入讲解Arduino的输入、输出系统、中断处理、串口通信、定时器与脉冲调制器（Pulse Width Modulation，简称PWM）控制等高级功能，帮助读者掌握更多高级编程技巧。此外，我们还设计了多个贴近实际应用的实战项目案例，如智能箱体控制系统、智能四驱小车制作、对话机器人开发等，让读者在实战中巩固所学知识，提升解决问题的能力。

随着物联网、人工智能等技术的不断发展，Arduino的应用领域也在不断拓展。从智能家居到智慧城市，从工业自动化到农业物联网，Arduino的身影无处不在。它以其独特的魅力和强大的功能，成为推动科技创新和产业升级的重要力量。

展望未来，我们相信Arduino将继续发挥其开源、易用、灵活的优势，吸引更多电子爱好者、创客和专业开发者加入这个充满无限可能的科技世界中来。同时，我们也期待看到更多基于Arduino的创新项目和应用场景涌现出来，为人类社会的发展贡献更多的智慧和力量。

总之，这不仅是一本关于Arduino编程的入门教程和实战指南，更是一本激发创新思维、培养实践能力的科技宝典。我们希望通过这本书的引导，能够帮助更多读者开启Arduino编程的奇妙之旅，共同探索这个充满无限可能的科技世界。

编著者

目 录

第1章 Arduino介绍 ··· 1
  1.1 Arduino的特点 ··· 3
  1.2 Arduino IDE软件安装 ··· 4
  1.3 Arduino IDE功能介绍 ··· 7

第2章 Arduino开发编程基础 ·· 9
  2.1 Arduino开发语言及程序架构 ·· 9
    2.1.1 Arduino程序的基本结构 ··· 13
    2.1.2 Arduino程序架构实践 ·· 16
  2.2 数据类型 ·· 24
    2.2.1 int（整型） ·· 24
    2.2.2 long（长整型） ··· 28
    2.2.3 short（短整型） ·· 30
    2.2.4 byte（字节型） ··· 31
  2.3 数组与字符串 ·· 35
    2.3.1 数组 ·· 35
    2.3.2 字符串 ··· 37
    2.3.3 字符数组 ·· 38
    2.3.4 String对象 ··· 39
  2.4 数据运算 ·· 46
    2.4.1 算术运算符 ··· 47
    2.4.2 逻辑运算符 ··· 50
    2.4.3 比较运算符 ··· 52
    2.4.4 位运算符 ·· 55

2.4.5　赋值运算符 ································· 58
　2.5　Arduino基本函数 ································· 62
　　　2.5.1　数字模拟输入或输出 ································· 63
　　　2.5.2　时间函数 ································· 66
　　　2.5.3　随机函数 ································· 69
　　　2.5.4　串口通信函数 ································· 71
　　　2.5.5　中断函数 ································· 74
　　　2.5.6　其他函数 ································· 75

第3章　硬件基础 ································· 80

　3.1　EUNO主板控制LED ································· 80
　　　实战项目1　点亮1个LED ································· 80
　3.2　EUNO主板控制预警 ································· 83
　　　实战项目2　电压检测及报警 ································· 83
　3.3　EUNO主板控制运动 ································· 85
　　　实战项目3　单个舵机控制 ································· 85
　　　实战项目4　多个舵机控制 ································· 88
　3.4　EUNO主板串口通信 ································· 90
　　　实战项目5　硬件串口收发 ································· 90
　　　实战项目6　串口LED灯控制 ································· 94
　　　实战项目7　单个舵机串口控制 ································· 96
　　　实战项目8　串口舵机速度控制 ································· 103
　　　实战项目9　电机PWM的控制 ································· 114
　　　实战项目10　蓝牙串口通信和舵机控制 ································· 123
　3.5　EUNO主板控制传感器 ································· 134
　　　实战项目11　声音传感器LED灯控制 ································· 134
　　　实战项目12　超声波测距串口显示 ································· 137
　3.6　EUNO主板显示数据 ································· 141
　　　实战项目13　OLED液晶屏显示二维码 ································· 141

第4章 人工智能高级进阶 174

4.1 综合实战 智能箱体 174
- 4.1.1 ESP32 控制柜锁 174
- 4.1.2 Arduino ESP32 与树莓派通信 182
- 4.1.3 Arduino ESP32 与 Wi-Fi 连接 187

4.2 综合实战 玩转四驱小车 192
- 4.2.1 Arduino ESP32 控制小车 192
- 4.2.2 Arduino ESP32 与 MQTT 通信 201
- 4.2.3 制作 App 控制小车 209

4.3 综合实战 开发对话机器人 215
- 4.3.1 ASRPRO 语音识别模块 215
- 4.3.2 大语言模型环境搭建和微调 219
- 4.3.3 Whisper 做文字识别 223
- 4.3.4 ChatTTS 文字合成语音 228

第 1 章
Arduino 介绍

　　Arduino是一款便捷灵活、方便上手的开源电子原型平台，包含硬件（各种型号的Arduino板）和软件（Arduino IDE）。该平台由马西莫·班兹（Massimo Banzi）、大卫·考特艾尔斯（David Cuartielles）等成员组成的欧洲开发团队于2005年冬季开发。它提供了一种简单的输入/输出（I/O）界面，并使用类似Java和C语言的Processing（一个基于Java的开源编程环境和编程语言）和Wiring（一个基于C/C++的开源编程框架）开发环境，使用户能够快速构建电子项目。

　　马西莫在意大利艾芙利亚（Ivrea）的一所高科技设计学校任教期间，开发了Arduino。起因是学生们常常抱怨找不到便宜且易用的微控制器。为了解决这一问题，马西莫和西班牙籍芯片工程师大卫共同设计了Arduino电路板，并邀请马西莫的学生大卫·梅利斯（David Mellis）编写相关编程语言，该项目在短短几天内取得了突破性进展——迅速完成了电路板和代码。而Arduino的名字来源于马西莫常去的一家名叫Arduino的酒吧（该酒吧以大约1000年前意大利国王Arduin的名字命名），为了纪念这个地方，他将这块电路板命名为Arduino。

　　在硬件开发方面，Arduino已经发展出多种型号和衍生控制器，广泛应用于教育、艺术、工业和物联网等领域。Arduino能够通过声音传感器、超声波传感器等感知环境，并通过控制灯光、马达等装置影响环境，极大地拓展了创客和工程师的创新空间。其编程语言基于Wiring，开发环境基于Processing，使得编程和项目实现更为直观、便捷。Arduino项目既可以独立运行，又可以与电脑上的软件搭配开发，实现复杂的交互功能。

　　在当下，Arduino在教育中的应用变得尤为重要，Arduino既可以培养学生们的编程和电子技能，又能激发他们的创新思维。其开源特性和社区支持使得初学者和专业人士都能受益，推动了全球创客在电子创新项目上的发展。

最近，在抖音平台上，一个通过Arduino与超声波传感器组成的打蚊子系统迅速走红，吸引了无数人的目光。这个巧妙的装置通过超声波传感器持续监测前方区域的动态，展现了高科技与日常生活的完美结合。当传感器捕捉到蚊子的存在，并确认其距离在30厘米以内时，系统立即进入战斗状态，激活发射装置。此时，装置会快速发射细小的食盐颗粒，精确瞄准并驱赶蚊子。

整个系统由Arduino控制，保证了系统的高效性和精准性。Arduino作为大脑，不仅处理传感器传回的数据，还控制发射装置的工作，确保每一次操作都恰到好处。这种设计不仅新颖独特，而且在实际应用中效果显著。它的出现为人们提供了一种在不使用化学药剂的情况下，安全且环保地驱赶蚊子的新方法。

该系统的主要目的是为人们提供一个健康的生活环境，特别适用于家庭和户外露营等场景。无论是在家中享受宁静的夜晚，还是在户外露营时感受大自然的美好，这个系统都能有效地保护人们免受蚊虫叮咬之苦。通过科技的力量，人们可以在不破坏环境的前提下，与自然和谐共处。

掌握Arduino不仅可以实现个人创意项目，还能在智能家居、自动化控制和物联网等前沿领域探索新的可能性，具有广泛的应用前景和重要的学习意义。

接下来将为大家揭开Arduino的神秘面纱，深入探索其广泛的应用场景。Arduino不仅仅是一块小小的开发板，也不仅仅是一段简单的程序，更不是一个孤立的产品（图1-1），它代表了一个融合了软硬件、创新与分享精神的庞大生态系统。

图 1-1　Arduino 控制板

Arduino作为一个开源电子平台，其核心理念在于使电子技术的学习与应用变得更加简单、直观和有趣。它让无数热爱创新、渴望探索的人们能够轻松实现自己的电子创意，无论是制作智能家居设备、遥控小车，还是开发个人项目，Arduino都能提供强大的支持，如图1-2所示为Arduino控制的四驱车。

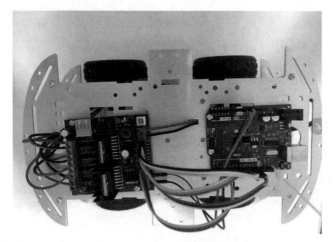

图 1-2　Arduino 控制的四驱车

接下来将系统地介绍Arduino的编程基础、电子制作技巧及实际应用案例。大家可以通过详细的步骤和丰富的实例，逐步掌握Arduino的使用方法。

1.1　Arduino 的特点

Arduino是一款开源的电子原型平台，其特点鲜明且多样，为电子爱好者、设计师和开发者们提供了极大的便利和灵活性。

首先，Arduino的开放性是其最显著的特点之一。作为一款开源硬件和软件平台，Arduino的源代码和硬件设计都是公开的，这意味着任何人都可以查看、修改和分享。这种开放性不仅促进了Arduino社区的快速发展，也激发了无数创新和实验。

其次，Arduino的易用性也是其受欢迎的重要原因。通过简单的编程语言和直观的开发环境（如Arduino IDE），即使是初学者也能快速上手，开发出各种电子项目。此外，Arduino板载有丰富的接口和引脚，方便用户与外部设备进行连接和通信。

再次，Arduino的灵活性是其另一个重要特点。由于Arduino的开源性和模块化设计，用户可以根据自己的需求选择不同的Arduino板型和扩展板，从而构建符合自己需求的电子系统。同时，Arduino还支持各种传感器和执行器，使得用户可以轻松实现各种复杂的电子功能。

最后，Arduino的社区支持也是其成功的关键因素之一。Arduino拥有庞大的全球社区，这些社区成员们不仅分享自己的项目和经验，还相互帮助解决问题。这种互助精神使得Arduino成了一个充满活力和创新精神的平台。

Arduino以其开放性、易用性、灵活性和强大的社区支持等特点，成为电子领域的一颗璀璨明星。无论是电子爱好者还是专业开发者，都可以从Arduino中受益良多。

1.2　Arduino IDE 软件安装

学习的第一步，需要进行Arduino IDE（Integrated Development Environment，集成开发环境，用于编写、调试和上传代码到Arduino板的软件）的下载与安装。以下是详细的步骤说明。

访问Arduino官方网站，打开常用的浏览器，在地址栏中输入Arduino的官方网站地址。

在网站首页，找到并单击"SOFTWARE"（软件）超链接（图1-3）。

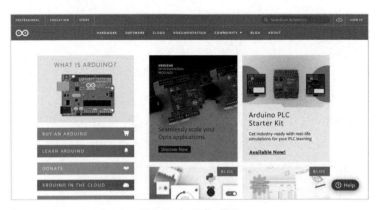

图 1-3　Arduino 官网

接下来下载Arduino IDE，在软件下载页面，找到"Download Arduino IDE"超链接，并根据自己使用的操作系统选择相应的版本。例如，如果使用的是Windows操作系统，则选择Windows版本的IDE进行下载（图1-4）。

图 1-4 下载 Arduino 页面

下载时需要注意页面上的安装包和压缩包选项。安装包可直接安装到电脑中（图1-5）；而压缩包（图1-6）则需要下载后解压缩才能使用。推荐使用安装包进行下载和安装。

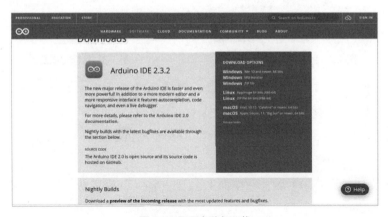

图 1-5 网页安装包下载

图 1-6 压缩包

单击所选版本，浏览器会提示用户保存Arduino IDE安装包到指定的位置，选择一个容易找到的位置进行保存。

如果由于网络原因，从Arduino官方网站下载IDE速度较慢或无法下载，可以考虑使用其他可靠的下载源。下载完成后，找到保存的安装包并双击，开始安装程序。请注意，安装包可能是英文界面，稍后会介绍如何将其设置为中文。

在安装过程中，请仔细阅读并同意相关条款（图1-7）。特别需要注意的是，一定要勾选"Install USB Driver"（安装USB驱动程序）复选框（图1-8）。这是Arduino开发板与电脑通信必需的驱动程序。

图1-7 同意相关条款

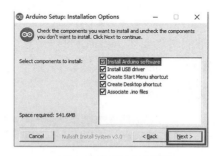

图1-8 选择相应复选框

选择希望安装IDE的文件夹位置，并确认电脑有足够的硬盘空间。单击"Install（安装）"按钮开始安装（图1-9）。

在安装过程中，电脑可能会提示是否安装Arduino USB驱动程序。选择安装，以确保开发板能够正常工作。

安装完成（图1-10）后，在桌面上会有一个Arduino的快捷方式（图1-11）。双击打开Arduino IDE。

图1-9 安装

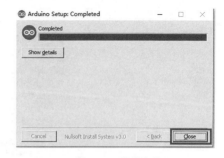

图1-10 安装完成

在IDE中，可以通过单击"文件"菜单，然后选择"首选项"命令来查看和修改一些基本设置（图1-12）。例如，可以在这里看到编辑器的语言设置。由于操作系统是中文的，因此IDE的界面则自动设置为中文（图1-13）。在"首选项"对话框中，还可以设置项目文件夹的位置。这决定了将来开发的Arduino程序将保存在电脑上的哪个位置（图1-13）。

图 1-11　Arduino 的快捷方式图标

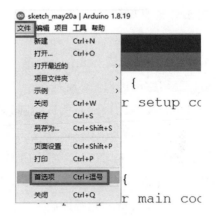

图 1-12　选择"首选项"命令

图 1-13　设置语言和项目文件夹的位置

通过以上步骤，即可成功下载并安装Arduino IDE。现在，可以开始探索Arduino编程的世界，为项目编写代码了。

1.3　Arduino IDE 功能介绍

开源硬件是指在产品的研发、设计、生产数据直接投放市场，产品的所有细节均对公众开放。Arduino便是开源硬件的代表，它不仅开放了硬件设计（开发板的电路尺寸细节等），还开放了软件源代码，极大地促进了创新和发展。

由于Arduino是开源的，市场上存在多种类型的Arduino开发板，包括官方版和基于官方设计的克隆版。官方版通常由Arduino公司或其官方授权厂商生产，质量相对更有保障；而克隆版则是其他厂商根据Arduino的设计进行复制生产的。

Arduino开发板的核心元件是微控制器，以ATmega32P（一款由Microchip Technology公司生产的8位微控制器，广泛应用于嵌入式系统和电子项目中）为例，它是整个开发板的大脑，负责控制其他电子元件，如图1-14所示，为本书中案例所使用的Euno板。微控制器通过引脚与外部设备进行通信，无论是向发光二极管（Light Emitting Diode，简称LED）发送控制信号，还是读取传感器的读数，都是通过引脚实现的。在Arduino开发板上，这些引脚以两排塑料插槽的形式呈现，用户只需将电子元器件插入相应插槽即可实现连接，极大地简化了硬件连接过程。

图1-14　本书示例所使用的Euno板

在学习Arduino开发板的过程中，需要注意以下几点。首先，确保使用开发板有针脚示意图，以保证学习过程的顺利进行；其次，在编写程序时，注意代码的正确性和完整性，避免因代码错误导致的问题；最后，要充分利用Arduino的开源特性，积极参与社区交流，分享经验和成果，共同学习进步。

第 2 章
Arduino 开发编程基础

Arduino作为一个广受欢迎的开源电子原型平台，其成功很大程度上归功于其简单易用的开发语言和清晰的程序架构。本章节将深入讲解Arduino编程基础，包括Arduino开发语言及其程序的基本架构、数据类型、数组与字符串和数据运算，帮助读者更好地理解和使用Arduino进行创新项目的开发。

2.1 Arduino 开发语言及程序架构

Arduino使用的编程语言是基于C/C++（一种通用的编程语言，Arduino编程语言基于C/C++的简化版本）的一种简化版本，通常被称为Arduino语言或Arduino C/C++。这种语言保留了C/C++的大部分特性，同时针对微控制器编程的特定需求进行了优化和简化。Arduino语言的设计理念是降低编程门槛，即使是编程新手也能快速上手，开始创建互动性电子项目。Arduino语言包括一系列预定义的函数和库，简化了与硬件交互的过程。标准库涵盖了传感器、显示器、通信协议等常见外设的驱动，极大地方便了开发者。此外，Arduino集成开发环境（Integrated Development Environment，简称IDE）提供了直观的编程界面和丰富的示例代码，帮助初学者迅速理解和应用Arduino语言。自动化的编译和上传功能使得代码从编写到在硬件上运行的过程更加顺畅。总之，Arduino语言通过简化编程语法和提供丰富的库函数，使得电子项目的开发更加高效和便捷。

Arduino语言的主要特点包括：语法简洁、丰富的库支持、硬件抽象、跨平台兼容，下面将详细讲解各个特点。

（1）Arduino语言借鉴了C/C++的语法结构，但简化了许多复杂的概念。Arduino语言去除了多重继承等人们难以理解的特性，保留了变量、函数、控制结构等基本元素。它引入了更直观的函数，如pinMode()函数（Arduino函数，用于设置引脚的输入或输出模式）和digitalWrite()函数（Arduino函数，用于设置数字引脚的电平状态），简化了硬件操作。这种设计既保留了C/C++的强大功能，又大大降低了学习门槛，使得初学者能快速上手，专注于项目逻辑而非语言细节。Arduino的核心函数如setup()（Arduino程序中的初始化函数，程序启动时执行一次）和loop()（Arduino程序中的主循环函数，程序会不断重复执行其中的代码），为程序提供了清晰的结构框架，setup()用于初始化设置，而loop()则用于实现持续运行的代码逻辑。通过这些简化的函数接口，用户可以方便地设置引脚模式、读取传感器数据、控制LED和电机等。Arduino语言还支持库管理系统，用户可以轻松地导入和使用各种第三方库，进一步扩展功能，如Wi-Fi通信、蓝牙连接、显示屏控制等。这些库通常提供了详细的示例和文档，因此即使是复杂的功能也能简单实现。总之，Arduino语言的简洁语法和强大的库支持使得硬件编程变得更加直观和易于掌握，帮助开发者专注于创意实现，而非纠结于底层实现细节。

（2）Arduino提供大量内置函数和库，简化常见任务的编程。Arduino生态系统包含数百个官方和社区共享的库，涵盖了从基础的I/O操作到复杂的传感器控制、通信协议和显示驱动等多个方面。这些库大大减少了重复编码的工作，允许开发者专注于项目的核心逻辑。通过简单的#include语句，用户可以轻松引入所需功能，快速构建复杂的应用，极大地提高了开发效率和代码复用率。例如，对初学者来说，使用Servo库（舵机，一种能够精确控制角度的电机，常用于机器人和自动化系统）可以轻松控制舵机，而无须深入了解脉宽调制（Pulse Width Modulation，简称PWM，通过调节信号的占空比来控制电压或电流的技术，常用于控制电机速度和LED亮度）信号的生成细节。对于更高级的项目，如Wi-Fi连接或MQTT（Message Queuing Telemetry Transport，一种轻量级的、基于发布或订阅模式的通信协议）通信，相应的库也能大幅简化实现过程。Arduino IDE集成了库管理器，使得搜索、安装和更新库变得异常便捷。此外，社区贡献的库持续丰富着Arduino的功能，覆盖了从机器学习到物联网等新兴领域。库的开源性质也鼓励了知识共享和协作创新，用户可以根据需求修改现有库或开发新库。这种模块化和可扩展的特性使Arduino适应各种应用场景，从简单的LED控制到复杂的机器人系统，都能找到合适的库支持。总的来说，丰富的库生态系统是Arduino平台成功的关键因素之一，它不仅降低了编程门槛，还为创新提供了坚实的基础。

（3）Arduino通过简单的函数调用即可控制硬件，无须深入了解底层细节。Arduino语言提供了一层硬件抽象层，将复杂的微控制器寄存器操作封装成易用的函数。例如，digitalWrite()函数可以直接控制引脚输出，开发者无须了解具体的寄存器配置。这种抽象不仅简化了编程过程，还提高了代码的可移植性。开发者可以专注于实现功能，而不必深入研究不同芯片的技术细节，大大降低了嵌入式系统开发的门槛。这种硬件抽象的设计理念贯穿整个Arduino平台。从基本的输入、输出操作，如analogRead()（Arduino函数，用于读取模拟引脚的电压值）和analogWrite()（Arduino函数，用于输出PWM信号到指定引脚），到更复杂的定时器控制和中断处理，Arduino都提供了直观的函数接口，因此即使是编程新手也能快速上手，实现各种交互和控制功能。例如，通过servo.attach()（Arduino Servo库中的函数，用于将舵机连接到指定的引脚）和servo.write()（Arduino Servo库中的函数，用于设置舵机的角度）等函数，用户可以轻松控制舵机，而不需要了解PWM信号的生成原理。硬件抽象还体现在Arduino对不同开发板的支持上。尽管Arduino支持多种微控制器，如ATmega328P、ATmega2560（Microchip公司生产的一款8位AVR架构高性能微控制器，广泛应用于嵌入式系统和电子开发项目）和ESP32（一种低功耗的微控制器，集成了Wi-Fi和蓝牙功能，常用于物联网项目）等，但用户可以使用相同的函数在不同硬件平台上进行开发。这种跨平台兼容性大大提高了代码的复用性和可移植性。当需要从一个Arduino板切换到另一个Arduino板时，通常只需很少的修改甚至不需要修改就能使代码正常运行。此外，硬件抽象层还为高级功能提供了基础。例如，Arduino的串口通信函数Serial.begin()（Arduino函数，用于初始化串口通信并设置波特率）和Serial.print()（Arduino函数，用于将数据发送到串口）封装了UART（Universal Asynchronous Receiver/Transmitter，通用异步收发传输器，一种用于串行通信的硬件设备）通信的复杂性，使得数据传输变得简单、直观。同样，Wire库（Arduino开发环境中用于Inter-Integrated Circuit通信的标准库）抽象了I^2C协议（Inter-Integrated Circuit，一种同步、串行、半双工的通信协议，广泛用于短距离低速设备间的通信）的细节，SPI库（Serial Peripheral Interface，一种高速、全双工、同步串行通信协议，广泛用于微控制器与外围设备）简化了SPI通信的实现。这些抽象不仅使得与各种传感器和模块的集成变得容易，还为物联网和智能家居等应用提供了便利。然而，硬件抽象也带来了一些权衡。隐藏的底层细节，可能会导致某些特定硬件功能的利用不够充分，或者在某些高性能要求的场景下效率略有损失。对需要精细控制或极致性能的项目，开发者可能需要绕过Arduino的抽象层，直接操作寄存器。尽管如此，对大多数应用而言，Arduino的硬件抽象提供的便利和开发效率的提升远远超过了这些微小的限制。总的来说，Arduino的硬件抽象设计极大地降低了嵌入式系统开发的门槛，使得电子创新变得更加平易近人。它不仅加速了项目的开发周期，还促进了创客文化的繁荣，为教育、原型设计等项目提供了理想的平台。通过将复杂的硬件控制简化为易懂的函数调用，Arduino成功地将嵌入式开发的力量带给了更广泛的用户群体，推动了创新和技术普及。

（4）代码可以在不同的Arduino板上运行，只需少量修改或无须修改。这种兼容性源于Arduino统一的硬件抽象层和标准化的编程接口。无论是基于AVR（由Microchip公司推出的8位/32位RISC架构微控制器系列，专为嵌入式系统设计，以高性能、低功耗、易用性著称）、ARM（Advanced RISC Machines，一种基于精简指令集架构的处理器设计技术）还是其他架构的Arduino板，都共享相同的核心函数和编程模型。这不仅提高了代码的可移植性和复用性，还使开发者能够根据项目需求灵活选择不同规格的硬件，同时保持学习成本和开发效率的优势。Arduino平台的跨平台兼容性是其成功的关键因素之一，它为用户提供了前所未有的灵活性和可扩展性。这种兼容性体现在以下几个层面。

① Arduino提供了多种不同规格和性能的开发板：从入门级的Arduino Uno（一款基于ATmega328P微控制器的开源电子开发板，专为初学者、教育及快速原型而设计）到高性能的Arduino Due（一款基于32位ARM Cortex-M3内核的高性能开源开发板），再到支持Wi-Fi的Arduino ESP32（基于乐鑫ESP32芯片的Arduino兼容开发板）系列。尽管这些板子使用了不同的微控制器和架构，但它们都遵循相同的引脚布局和接口标准。这意味着为一种Arduino板开发的传感器扩展板（Senser Shield）通常可以直接用于其他Arduino板，大大增加了硬件的互换性和升级路径。

② Arduino IDE提供了统一的开发环境和编程接口：无论使用哪种Arduino板，核心的setup()函数和loop()函数结构保持不变，大多数基础函数［如digitalWrite()、analogRead()等］在所有板型上的使用方式也是一致的。这种一致性使得开发者

可以轻松地将项目从一种Arduino板迁移到另一种，而无须大幅重写代码。

③ Arduino丰富的库生态系统进一步增强了跨平台兼容性：大多数Arduino库都被设计为跨平台兼容，能够在不同的Arduino板上运行。例如，一个用于控制有机发光二极管（Organic Light-Emitting Diode，简称OLED）显示屏的库，通常可以在Arduino Uno、Arduino Mega（Arduino官方推出的一款高性能、大容量I/O开源开发板，专为需要复杂项目扩展或多外设连接的场景设计）或ESP32上使用，而无须修改代码，这大大简化了复杂功能的实现和移植过程。

④ Arduino的编译系统能够自动识别目标硬件平台，并相应地调整编译设置：开发者只需在Arduino IDE中选择正确的板型，系统就会自动处理底层的编译差异，如处理器架构、时钟速度等。这种自动化大大降低了跨平台开发的复杂性。

⑤ Arduino庞大的用户社区为跨平台开发提供了宝贵的资源：开发者可以轻松找到各种Arduino板的使用经验、兼容性问题的解决方案，以及如何优化代码，以适应不同硬件平台的建议。

2.1.1　Arduino程序的基本结构

每个Arduino程序文件（Sketch）都遵循一个基本结构，主要包含两个必要的函数（图2-1）。

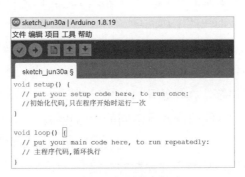

图2-1　基本结构

（1）setup()函数是Arduino程序的入口点，在微控制器启动或复位后只执行一次。它的主要作用是进行程序运行前的必要准备工作，为后续的主循环奠定基础。在setup()函数中，常见的操作如下。

① 初始化变量：为全局变量赋初值。在开发嵌入式系统的过程中，初始化变量是确保程序正常运行的关键步骤。通过为全局变量赋初值，可以确保这些变量在程序开始执行时处于已知状态，从而避免潜在的错误和不可预测的行为。这

一过程通常在程序的初始阶段进行，包括将数值型变量设置为零或某个特定值，将指针变量设置为NULL（没有值或未定义），以及将布尔型变量设置为true或false。初始化变量不仅有助于代码的可读性和维护性，还可以提高程序的可靠性和稳定性。

② 配置引脚模式：使用pinMode()函数设置数字引脚为输入或输出模式。在嵌入式系统中，配置引脚模式是设置硬件接口的重要步骤。通过使用pinMode()函数，可以将数字引脚配置为输入或输出模式。这一操作决定了引脚的功能，输入模式通常用于读取传感器的数据，而输出模式则用于控制LED、继电器等外部设备。正确配置引脚模式对于确保硬件和软件的协同工作至关重要。在程序的setup()函数中完成引脚模式的配置，可以确保在程序运行过程中引脚处于正确的工作状态。

③ 启动串口通信：通过Serial.begin()函数设置波特率，开启串口通信。串口通信是嵌入式系统与外部设备或计算机进行数据交换的常用方法。通过调用Serial.begin()函数并设置适当的波特率，可以启动串口通信。波特率决定了数据传输的速度，常见的波特率有9600、115200等。启动串口通信后，可以使用Serial.print()和Serial.read()（Arduino函数，用于从串口读取一字节的数据）等函数进行数据发送和接收。这在调试过程中尤为重要，因为可以通过串口监视器查看程序的输出信息，从而快速定位问题。

④ 初始化外部设备：如配置传感器、显示屏等外围设备。在嵌入式系统中，外部设备的初始化是确保系统功能正常的重要环节。外部设备包括各种传感器、显示屏、通信模块等。在初始化过程中，需要配置这些设备的工作参数，如I^2C地址、SPI设置等。不同的设备有不同的初始化方法，通常需要参考设备的数据手册或示例代码。通过正确初始化外部设备，可以确保它们能够正常工作并与主控芯片进行有效通信，从而实现预期的功能。

⑤ 设置中断：配置和启用硬件中断。嵌入式系统处理中断事件的机制，可以在特定条件下中断当前程序的执行并跳转到中断服务程序。设置中断通常包括配置中断引脚、选择中断触发条件（如上升沿、下降沿或电平变化），以及编写中断服务程序。在中断服务程序中，定义了当中断发生时需要执行的任务。中断的使用可以提高系统的响应速度和效率，尤其是在需要实时处理的应用场景中。

⑥ 启动定时器：初始化和配置定时器。定时器在嵌入式系统中扮演着重要

角色，用于生成精确的时间间隔。启动定时器通常包括初始化定时器寄存器、设置定时器的预分频器和比较值，以及配置定时器中断。当定时器达到预设的时间间隔时，会触发中断，从而执行预定义的任务。定时器可以用于各种应用，如定时事件、PWM信号生成和时间测量等。正确配置和使用定时器可以提高系统的时间控制精度和整体性能。

setup()函数的合理使用可以确保程序在进入主循环前所有必要的初始化都已完成，从而保证程序的正确运行和稳定性。尽管setup()函数只执行一次，但它对整个程序的运行至关重要。

（2）loop()函数是Arduino程序的核心，它在setup()函数执行完毕后会不断重复运行，直到设备断电或重置。这个函数承载了程序的主要功能和逻辑。loop()函数的特点和常见用途如下。

① 持续监控：不断检查传感器状态、按钮输入等。在嵌入式系统的应用中，持续监控是确保系统能够实时响应外界环境变化的关键步骤。持续监控通常涉及不断检查各种传感器的状态、按钮的输入，以及其他外部设备的信号。例如，在一个智能家居系统中，可能需要持续监控温度传感器、湿度传感器、烟雾传感器等，以便在检测到异常情况时及时采取相应措施。通过不断轮询（polling）这些设备的状态，系统能够获取最新的输入数据，从而为后续的处理和决策提供基础。

② 实时响应：根据输入条件执行相应的控制逻辑。实时响应是嵌入式系统的一个重要特性，它要求系统能够在极短的时间内对外部输入做出反应。根据传感器的状态或按钮输入的变化，系统会执行相应的控制逻辑。例如，当温度传感器检测到温度超过预设阈值时，系统可能会启动冷却风扇；当按钮被按下时，系统可能会切换工作模式。实时响应不仅依赖高效的硬件配置，还需要精心设计的软件算法，以确保系统在各种情况下都能快速、准确地执行预定操作。

③ 数据处理：对采集到的数据进行处理和分析。数据处理在嵌入式系统中是一个重要环节，它包括对传感器采集到的原始数据进行过滤、转换和分析。数据处理的目标是从原始数据中提取有用的信息，以便进行后续的决策和控制。例如，温度传感器的原始数据可能需要经过校准和过滤，以消除噪声和误差；处理后的数据可以用于计算平均温度、监测温度变化趋势等。数据处理的效率和准确性直接影响到系统的性能和可靠性。

④ 输出控制：更新LED显示、控制电机、发送数据等。输出控制是嵌入式

系统与外部环境交互的重要方式。根据数据处理和决策的结果，系统需要控制各种输出设备，如更新LED显示屏上的信息、调节电机的转速、通过无线模块发送数据等。例如，在一个自动驾驶小车系统中，系统可能需要根据传感器数据来调整电机的转速和方向，以实现自动导航功能。输出控制的精确性和及时性是实现系统功能的关键，必须确保每个输出操作都能够准确反映系统的内部状态和外部要求。

⑤ 时序操作：使用delay()函数（Arduino函数，用于暂停程序的执行一段时间）或millis()函数（Arduino函数，返回自程序启动以来的毫秒数）控制操作的时间间隔。时序操作是指在嵌入式系统中，通过控制操作的时间间隔来实现周期性任务或延迟执行。常用的方法包括使用delay()函数或millis()函数。delay()函数会暂停程序一段时间，使得系统可以在指定时间后执行下一个操作；而millis()函数则提供了一种不阻塞程序运行的时间控制方式，通过比较当前时间和上次操作时间来决定是否执行某个任务。时序操作在很多应用中非常重要，如定时采集传感器数据、周期性更新显示信息、控制定时器等。

⑥ 状态机实现：管理程序的不同状态和转换。状态机是一种常用的程序设计模式，特别适用于嵌入式系统中需要管理多个操作状态和状态转换的场景。通过将程序划分为不同的状态，并定义每个状态下的操作及状态之间的转换条件，可以使程序结构更加清晰和易于维护。例如，一个智能灯光控制系统可能具有"待机""工作""故障"3个状态，每个状态对应不同的操作逻辑和状态转换条件。状态机的实现可以帮助程序在复杂的操作条件下保持清晰的逻辑结构，提高程序的可读性和可靠性。

在编写loop()函数时，需要注意控制每次循环的执行时间，避免长时间阻塞，以确保程序能及时响应外部事件。合理使用非阻塞编程技巧，如状态机或定时器，可以提高程序的响应性和效率。

2.1.2 Arduino程序架构实践

良好的编程实践包括模块化设计、利用代码库、注释和文档、有效的错误处理机制、优化资源利用、版本控制和统一代码风格，这些能提高代码质量和团队效率。

（1）模块化设计。模块化设计是软件开发中一种重要的方法论，特别适用于将大型程序分解为多个功能模块，每个模块专注于特定的任务或功能。这种设计方法旨在提高代码的可读性、可维护性和通用性，为开发者带来诸多优势。

首先，模块化设计使得程序结构更加清晰，逻辑更加合理，每个模块承担明确定义的功能，使开发者更容易理解和调试代码。通过将复杂的系统分解为相对独立的模块，开发者可以专注于单一功能的实现，减少了不同功能之间的耦合，降低了开发过程中的错误率。

其次，模块化设计支持团队协作。不同的团队成员可以并行开发不同的模块，各自负责其功能的实现和测试。这种并行开发方式提高了项目的开发效率，缩短了整体的开发周期。团队成员可以通过定义清晰的接口和规范的模块通信方式，确保各个模块之间的协作和整合顺利进行。

再次，模块化设计通过创建明确的接口和封装实现细节，降低了代码的复杂度。模块之间通过定义好的接口进行通信，模块内部的实现细节被封装起来，使得系统更易于理解和修改。这种封装性和抽象性使得人们可以在不影响其他部分的情况下修改和优化模块，从而支持后期的功能扩展和性能优化。

最后，模块化设计有助于系统的可扩展性和可维护性。随着项目的发展和需求的变化，开发者可以通过添加新的模块或者修改现有模块来实现新功能或者改进现有功能，而不必重新设计整个系统。这种灵活性使得软件系统能够适应不断变化的需求和技术环境，延长其生命周期并增加其长期价值。

总体而言，模块化设计不仅适用于大型软件系统的开发，也适用于小型项目和嵌入式系统的开发。它通过清晰的结构、简化的开发流程和良好的团队协作机制，为软件开发提供了一种高效、可靠且可持续的方法，是现代软件工程中不可或缺的重要实践之一。

（2）利用代码库。充分利用Arduino丰富的库资源，可以避免重复造轮子。同时，学会创建自己的库可以重用代码。Arduino社区提供了大量高质量、经过测试的库，涵盖了从基础功能到复杂应用的各个方面。使用这些库可以显著加快开发速度，提高代码的可靠性。对于特定项目或频繁使用的功能，创建自定义库是一个好习惯。这不仅能提高代码的组织性和可维护性，还便于在不同项目间共享和复用代码，提升整体开发效率。Arduino库的使用和创建是提高项目开发效率和代码质量的关键策略。通过利用现有库，开发者可以快速实现复杂的功能，如传感器数据采集、电机控制、无线通信等，而无须深入了解底层实现细节。这不仅节省了大量开发时间，还能确保代码的可靠性，因为这些库通常都经过广泛测试和优化。例如，使用Adafruit_SSD1306（一个由 Adafruit 公司开发的开源

Arduino库，专门用于驱动SSD1306控制器的单色OLED显示屏）库可以轻松驱动OLED显示屏，而PubSubClient（一个轻量级的Arduino库，用于实现MQTT协议的客户端功能）库则简化了MQTT协议的实现。

在选择库时，大家应考虑其更新频率、社区支持度和兼容性。对于特定需求，创建自定义库是一种有效的代码组织方式。这涉及将常用功能封装成可重用的模块，包括创建.h头文件和.cpp源文件，定义类和函数接口，实现具体功能，并提供清晰的文档和示例。设计良好的自定义库不仅提高了代码的模块化和可维护性，还便于在团队内部或社区中分享。

在开发自定义库时，应注意模块化设计、错误处理、资源管理和跨平台兼容性。高级技巧如使用模板、条件编译和性能优化，可以进一步提升库的灵活性和效率。将自定义库发布到Arduino库管理器，并积极维护和更新，可以为Arduino社区作出贡献，同时建立个人或团队在开源社区中的声誉。

总之，熟练使用和开发Arduino库是每个专业级Arduino开发者都应该掌握的技能，它不仅能提高个人项目的开发效率，还能促进整个Arduino生态系统的繁荣发展。

（3）注释和文档。详细注释代码，说明每个函数的用途、参数和返回值。为项目创建清晰的文档，可以确保代码的可读性和可维护性，方便团队成员理解和协作。注释应简洁明了，覆盖所有关键逻辑。文档应包括项目概述、安装步骤、使用指南及常见问题解答。在开发Arduino项目的过程中，注释和文档的重要性不容忽视，它们是提高代码质量和项目可持续性的关键因素。

首先，良好的注释能够帮助开发者快速理解代码逻辑，减少维护和调试时间，尤其是在团队协作或长期项目中更显其价值。注释应该清晰简洁，重点解释复杂算法、非直观的逻辑和关键决策点，而不是对显而易见的代码进行冗余说明。对于Arduino项目，尤其要注意注释与硬件相关的细节，如引脚连接、传感器配置等，这些信息对于理解和复现项目至关重要。

其次，全面且结构清晰的项目文档同样重要。一个优秀的README（项目中的核心说明文件，通常以纯文本或Markdown格式编写，用于快速介绍项目功能、使用方法及关键信息）文件应该包含项目概述、功能列表、硬件要求、软件依赖、安装和配置步骤、使用说明、故障排除指南及许可信息。对于较复杂的项目，可以考虑使用Wiki（一种基于协作编辑的互联网知识管理系统，允许多用户共同创建、修改和组织内容）或专门的文档网站来组织更详细的信息。文档应使用简洁明了的语言，避免过于技术性的术语，同时提供足够的细节，以确保用户能够成功地设置和使用项目。图表、接线图和示例代码的使用可以极大地增强文档的可理解性。

再次，文档的及时更新也十分重要，每次代码有重大更改时都应相应地更新文档。对于开源项目，高质量的文档不仅能吸引更多用户，还能鼓励更多贡献者参与进来，促进项目的持续发展。在Arduino社区中，许多成功的项目都有详尽的文档支持，这些文档不仅包括代码说明，还涵盖了硬件连接图、3D打印模型文件、原理图等资源，为用户提供了全方位的支持。

总之，将注释和文档视为开发过程中不可或缺的一部分，投入适当的时间和精力来完善它们，将极大地提升项目的整体质量和用户体验。好的注释和文档不仅仅是对当前开发的支持，更是对未来维护和拓展的投资，它们能够大大降低项目的长期维护成本，提高代码的通用性，并为Arduino社区的知识积累作出贡献。

（4）有效的错误处理机制。实现适当的错误检查和处理机制，可以提高程序的健壮性。捕获并处理可能的异常，提供友好的错误信息，确保程序在遇到错误时能优雅地恢复或退出。定期测试和更新错误处理代码，以适应新需求和变化。在开发Arduino项目的过程中，错误处理是确保项目可靠性和用户友好性的关键环节。由于Arduino设备通常在无人监管的环境中长时间运行，健壮的错误处理机制显得尤为重要。

首先，开发者应该识别并预防可能发生的错误情况，包括但不限于硬件故障、通信中断、传感器读数异常、内存溢出等。对于每种可能的错误，都应该实现相应的检测和处理逻辑。例如，在读取传感器数据时，应该检查返回值是否在合理范围内；在进行网络通信时，应该设置超时机制并处理连接失败的情况。

其次，错误处理应该分层次进行，从局部到全局。在函数级别，可以使用返回值或状态码来指示操作是否成功；在模块级别，可以实现错误日志记录和简单的恢复机制；在系统级别，可以实现全局的错误管理策略，如自动重启或进入安全模式。

再次，提供清晰、信息丰富的错误信息也很重要，这不仅有助于用户理解问题，也能帮助开发者快速定位和解决问题。在资源允许的情况下，可以考虑将错误信息输出到串口、液晶显示器（Liquid Crystal Display，简称LCD，一种利用液晶材料光学特性的平面显示技术，广泛应用于屏幕设备）屏幕或通过网络发送到远程服务器。对于关键性错误，应该实现适当的报警机制，如闪烁LED或触发蜂鸣器。在处理错误时，应该遵循"优雅降级"的原则，即在部分功能失效的情况下，系统仍能保持核心功能的运行。例如，如果Wi-Fi连接失败，系统可以切换到离线模式继续记录数据。

此外，错误处理机制应该具有一定的容错性和自恢复能力。对于一些临时性错误，如传感器偶尔的异常读数，可以通过重试机制来解决；对于持续性错误，可以实现自动重启或切换到备用模块。在开发过程中，应该持续测试和完善错误处理代码，可以通过模拟各种错误情况来验证系统的响应是否符合预期。随着项目的发展，新的功能和组件的加入可能引入新的错误类型，因此错误处理机制也需要不断更新和扩展。

最后，良好的错误处理还包括详细的错误日志记录。在资源允许的情况下，可以将错误信息、发生时间、系统状态等记录到EEPROM（Electrically Erasable Programmable Read-Only Memory，电可擦可编程只读存储器，一种非易失性存储器，能够在断电后保留数据）或SD卡（Secure Digital，一种广泛使用的可移动存储卡）中，这对于后续的问题分析和系统优化非常有价值。

总之，在Arduino项目中，实现全面而有效的错误处理机制，不仅能提高系统的可靠性和用户体验，还能大大减少维护成本和现场故障率，是打造高质量Arduino应用不可或缺的一环。

（5）优化资源使用。考虑到Arduino设备的资源限制，开发者要合理使用内存和处理能力；优化代码，避免不必要的全局变量和大数组；利用中断和睡眠模式提高能效；定期释放不再使用的内存，避免内存泄露；选择轻量级的库和算法，确保代码高效运行。在开发Arduino项目的过程中，资源优化是一个至关重要的话题，因为大多数Arduino板都有严格的内存和处理能力限制。

① 内存管理是优化的核心：Arduino Uno等常见板子只有2KB的静态随机存取存储器（Static Random Access Memory，简称SRAM，一种易失性存储器，用于存储程序运行时的数据），因此每一字节都显得珍贵。开发者应该尽量避免使用大型全局变量和数组，特别是字符数组，因为它们会迅速耗尽有限的内存。此时，可以考虑使用PROGMEM（Arduino中的关键字，用于将常量数据存储在程序内存中，以节省RAM）关键字将常量数据存储在程序内存中，或者利用EEPROM来存储非易失性数据。对于需要处理大量数据的应用，可以考虑使用外部存储设备，如SD卡。

② 代码结构和算法选择也直接影响资源的使用：应该优先选择时间和空间

复杂度较低的算法，避免递归等可能导致栈溢出的编程模式。对于频繁执行的代码块，可以考虑使用内联函数或宏定义来减少函数调用开销。同时，合理使用数据类型也很重要。例如，对于不需要高精度的场景，使用Float（浮点数类型，用于存储小数值）替代Double（一种双精度浮点数数据类型，用于存储高精度的小数或极大或极小的数值）可以节省内存。

③ 能源效率也是一个需要重点考虑的方面，特别是电池供电的项目：利用Arduino的睡眠模式可以显著降低功耗，在不需要持续运行的场景中，可以通过看门狗定时器或外部中断来唤醒设备。合理使用中断不仅可以提高能效，还能提升系统的响应速度。例如，对于需要频繁检查的输入引脚，使用中断而不是轮询可以大大减少CPU的空转时间。

④ 在选择和使用库时也需要谨慎：虽然Arduino的生态系统提供了大量便利的库，但有些库可能过于庞大或存在功能冗余。应该仔细评估每个库的资源占用，必要时考虑自行实现所需的特定功能，以获得更精简的代码。对于一些复杂的功能，如果Arduino的资源实在无法满足，可以考虑使用更强大的微控制器或将部分计算任务转移到外部设备。优化还包括合理的硬件选择和配置。例如，选择合适的时钟频率可以在性能和功耗之间找到平衡点。对于一些特定的应用，使用硬件加速（如硬件PWM、硬件串行通信）可以显著提高效率。

⑤ 持续的性能监控和优化也很重要：可以使用Arduino IDE提供的内存使用分析工具来检测内存泄露和栈溢出问题。通过仔细观察程序的运行时间和功耗，可以进一步找出优化的机会。

总的来说，在开发Arduino项目的过程中，资源优化是一个需要贯穿整个开发周期的过程，它要求开发者对硬件特性和软件技巧都有深入的理解。通过精心的设计和持续的优化，即使是资源有限的Arduino设备也能实现复杂而高效的功能。

（6）版本控制。使用Git（一种分布式版本控制系统，用于管理代码的版本和协作开发）等版本控制系统管理代码，跟踪变更并协作开发；创建和管理分支，进行代码审查，确保质量；定期提交和记录变更历史，便于回溯和修复问题；利用GitHub（一个基于Git的代码托管平台，用于代码的共享和协作开发）等平台进行团队协作，分配任务，合并代码，解决冲突；保持代码库的整洁和一致性，促进高效开发。在开发Arduino项目的过程中，版本控制的重要性不容忽视，它不仅能够有效管理代码变更，还能大大提高团队协作效率。

Git作为当前最流行的分布式版本控制系统，以其强大的分支管理和合并能力，成为Arduino开发者的首选工具。使用Git进行版本控制，开发者可以轻松地创建和切换分支，用于实验新功能或修复bug，而不影响主代码库的稳定性。这种灵活性使得并行开发成为可能，团队成员可以同时在不同的功能上工作，再将成果合并到主分支。

定期提交代码是一个良好的习惯，它不仅记录了开发过程，还为代码提供了"保存点"，方便在出现问题时回滚到之前的稳定版本。在提交代码时，应该编写清晰、描述性强的提交信息，说明此次更改的目的和内容，这将极大地方便后续的代码审查和问题追踪。

对于Arduino项目，版本控制不仅限于源代码，还应该包括原理图、PCB设计文件、3D打印模型等相关资源。利用Git的大文件存储（Large File Storage，简称LFS）功能，可以有效管理这些二进制文件。在团队协作方面，GitHub等基于Git的在线平台提供了丰富的工具和功能。通过创建Issues（GitHub中的一种功能，用于追踪任务、bug和功能请求），团队可以有效地追踪任务、bug和功能请求。Pull Request（GitHub中的一种机制，用于代码审查和合并）机制则为代码审查提供了理想的环境，团队成员可以在合并代码前进行详细的讨论和修改。这不仅能提高代码质量，还能促进知识共享和技能提升。

对于开源的Arduino项目，GitHub的社区特性更是提供了与全球开发者互动的机会，有助于项目的推广和持续改进。在使用版本控制时，保持代码库的整洁和一致性也很重要。制定并遵守统一的代码风格指南，定期进行代码清理和重构，可以提高代码的可读性和可维护性。对于Arduino项目，还应该注意管理依赖库的版本，确保项目在不同环境下都能正确编译和运行。

建立起清晰的分支策略也很重要，例如使用Git Flow（一种基于Git版本控制系统的分支管理模型，适用于中大型项目的协作开发）或GitHub Flow（一种轻量级的Git分支管理工作流，由GitHub官方提出，强调快速迭代和持续交付，尤其适合敏捷开发与DevOps实践）等工作流程，可以规范化开发过程，减少合并冲突和版本混乱的风险。在进行大型或长期的Arduino项目时，还可以考虑使用语义化版本控制（Semantic Versioning），通过明确的版本号来传达代码更改的性质和兼容性信息。

最后，定期的备份和采用多重验证机制来保护代码库的安全也是版本控制中不可忽视的环节。

总的来说，在Arduino项目中有效地运用版本控制，不仅能提高开发效率和代码质量，还能为项目的长期维护和团队协作奠定坚实的基础。无论是个人开发者还是大型团队，掌握和善用版本控制都是提升Arduino开发水平的关键一步。

（7）统一代码风格。遵循一致的命名约定和格式化规则，提高代码的可读性。使用有意义的变量名、函数名和类名，遵循驼峰式或下划线命名法；保持代码缩进和对齐一致，使用自动格式化工具；注重代码结构，避免冗长的函数和复杂的嵌套；撰写清晰的注释和文档，帮助团队成员快速理解和维护代码。

在Arduino项目开发中，保持代码风格的一致性不仅能提高代码的可读性和可维护性，还能促进团队协作和知识传递。

首先，制定明确的命名规范至关重要。对于变量名，应该选择能清晰表达其用途的描述性名称，例如，温度传感器（TemperatureSensor，一种将环境或物体温度转换为电信号，如电压、电阻、数字信号的电子器件，广泛应用于工业、消费电子和物联网等领域）比TS更易理解；函数名则应该使用动词或动词短语，如readTemperature()（温度传感器相关库中常见的成员函数，用于读取当前温度值），以表明其行为；类名通常使用名词或名词短语，如TemperatureSensor。在Arduino社区中，驼峰式命名法（如tempSensor）和下划线命名法（如temp_sensor）都很常见，关键是在项目中保持统一。对于常量和宏定义，通常使用全大写字母加下划线，如MAX_TEMPERATURE。

其次，代码的格式化也同样重要。保持一致的缩进和对齐能大大提高代码的可读性。在Arduino IDE中，可以使用自动格式化功能来统一代码风格。对于更复杂的项目，可以考虑使用如Astyle（一种代码格式化工具，用于自动格式化代码）或Clang-format（一种代码格式化工具，用于统一代码风格）等专业的代码格式化工具，并将其集成到开发流程中。在代码结构方面，应该追求简洁和模块化。避免编写过长的函数，一般建议每个函数不超过20~30行。如果一个函数变得过于复杂，应考虑将其拆分为多个小函数。同样，避免过深的嵌套结构，通常嵌套不应超过3~4层。使用早期返回和卫语句可以有效减少嵌套层级。对于Arduino项目，还应特别注意优化循环结构，避免在loop()函数中放置过多耗时操作。在变量和函数的声明顺序上也应保持一致，通常将全局变量放在文件开头，函数定义按照调用顺序或重要性排列。对于较大的项目，可以考虑将相关的功能封装到单独的类或模块中，提高代码的组织性和通用性。

注释和文档是代码风格一致性的另一个重要方面。注释应该解释"为什么"而不是"是什么"，因为后者通常可以从命名良好的代码中直接看出。对于复杂的算法或特殊的硬件操作,应该提供详细的注释说明。在Arduino项目中,还应特别注意对硬件连接和配置的说明。使用一致的注释风格,如单行注释使用 //,多行注释使用 /* */。对于函数和类,可以使用Doxygen(一种文档生成工具,用于从源代码中生成文档)风格的注释,以便将来可能的自动文档生成。

再次,保持代码的整洁也是一致性的体现。删除未使用的变量和函数,避免过多的空行或注释掉的代码块。定期进行代码审查和重构,以维护和改进代码质量。在团队开发中,可以创建代码风格指南文档,明确规定项目的编码规范。使用自动化工具如linter(一种代码分析工具,用于检查代码是否符合编码规范)来检查代码是否符合规范,将其集成到持续集成流程中。对于开源的Arduino项目,良好、一致的代码风格还能吸引更多贡献者参与。

最后,代码风格一致性不应该成为限制创新和效率的枷锁。在遵循基本规范的同时,也要保持灵活性,允许在特定情况下的合理变通。

总的来说,在Arduino项目中保持代码风格的一致性,不仅是一种良好的编程习惯,更是提高项目质量、促进团队协作的重要手段。

2.2 数据类型

在Arduino编程中,整数类型是最常用的数据类型之一。Arduino支持多种整数类型,包括int、long、short和byte。每种类型都有其特定的大小和范围,适用于不同的场景。此外,还有unsigned修饰符可以用于int和long类型,将它们变为无符号整数,从而扩大正数范围。选择合适的整数类型可以优化内存使用和提高计算效率。例如,对于简单的计数器或小范围的传感器读数,使用byte类型就足够了;而对于需要精确计时的项目,long类型更为合适。在编程实践中,大家应根据具体需求和硬件限制选择最合适的整数类型。下面详细介绍这些整数类型,并通过代码示例和表格来说明它们的区别和使用范围。

2.2.1 int(整型)

int是最常用的整数类型,在基于AVR的Arduino板上(如Uno、Nano、Mega等),int占用2字节(16位),表示范围为-32768到32767。由于其较小的内存占用和适中的范围,适用于大多数普通计算任务。int类型在Arduino编程中广泛应用于循环计数、简单的数学运算、存储中等大小的传感器读数等场景。它提供了良好的平衡，既能满足大多数日常编程需求，又不会过度消耗有限的内存资源。例如，在控制LED亮度、读取模拟传感器值或实现简单的定时功能时，int类型都是理想的选择。值得注意的是，在某些特定的Arduino板上，如Arduino Duo，int可能占用4字节，这时其范围会更大。因此，在跨平台开发时，应当注意int类型可能存在的差异，以确保代码的兼容性。

在Arduino-ide中新建项目，如图2-2所示。

在Ardunio-ide中保存项目，如图2-3所示。

图 2-2　新建项目

图 2-3　保存项目

新建一个项目，做int类型代码使用展示，示例代码如图2-4所示。包括其最大值和最小值。代码详细解读如下。

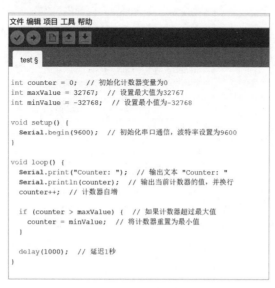
图 2-4　示例代码

（1）变量声明（图2-5）。

```
int counter = 0;
int maxValue = 32767;
int minValue = -32768;
```

图 2-5　变量声明

注释：counter是一个计数器，初始值为0。

maxValue设置为32767，这是16位有符号int的最大值。

minValue设置为-32768，这是16位有符号int的最小值。

（2）setup()函数（图2-6）。

```
void setup() {
  Serial.begin(9600);
}
```

图 2-6　setup() 函数

注释：初始化串口通信，将波特率设为9600，允许Arduino通过串口向电脑发送数据。

（3）loop()函数（图2-7）。

```
void loop() {
  Serial.print("Counter: ");
  Serial.println(counter);
  counter++;

  if (counter > maxValue) {
    counter = minValue;
  }

  delay(1000);
}
```

图 2-7　loop() 函数

注释：打印当前counter值。

每次循环counter值增加1。

检查counter是否超过最大值，如果超过最大值，则重置为最小值。

delay(1000)使循环每秒执行一次。

上面代码演示了int类型数据的范围和溢出处理。当counter超过最大值时，会被重置为最小值，模拟了整数溢出的情况。这种循环展示了int类型数据的全范围，从最小值到最大值。这一现象在Arduino编程中尤为重要，特别是在处理长时间运行的程序或需要精确计数的应用中。整数溢出可能导致意料之外的程序行为，如在计时器或传感器数据处理中造成错误。因此，在使用int类型时，开发者需要意识到这一限制，并在必要时采取措施防止溢出。理解并正确处理整数溢出不仅能够提高程序的稳定性和可靠性，还能帮助开发者更好地利用Arduino的有限资源。在某些特殊情况下，整数溢出甚至可以被巧妙地利用来实现特定的程序逻辑，如简单的周期性任务调度。

执行代码后，选择"工具"→"串口监视器"命令，可以查看监听结果（图2-8）。

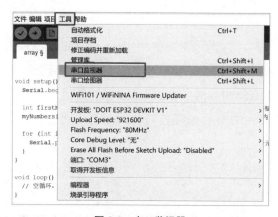

图2-8　串口监视器

执行上面的代码后，结果如图2-9所示。

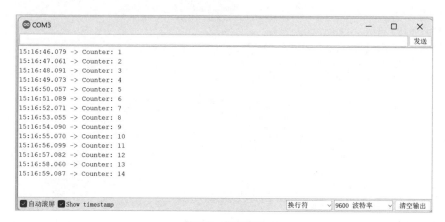

图2-9　监听结果

2.2.2　long（长整型）

long类型在Arduino中占用4字节（32位），可以存储更大范围的整数，范围为-2147483648到2147483647，适用于需要处理大数值或精度要求较高的计算任务。合理使用long类型有助于避免整数溢出，确保程序的准确性和可靠性。选择适当的数据类型可以优化内存的使用，提高程序性能。在Arduino编程中，long类型通常用于处理与时间相关的操作。例如，使用millis()函数进行长时间的计时或者在需要精确计数的场景。它还适用于存储大型传感器的读数，如高精度的模拟传感器或累积性数据。在进行复杂的数学计算时，特别是涉及大数乘法或累加大量数值时，使用long类型可以有效防止中间结果溢出。然而，使用long类型也有需要权衡之处。它占用了更多的内存空间，在资源受限的Arduino板上，过度使用可能导致可用内存不足。此外，对long类型的操作可能比int类型稍慢，尤其是在8位微控制器上。因此，在选择使用long类型时，需要权衡精度需求和资源限制。在某些情况下，如果只需无符号的大范围整数，可以考虑使用unsigned long类型，它提供了0到4294967295的范围。总的来说，合理使用long类型是平衡精度、范围和资源使用的重要编程技巧，对于开发可靠且高效的Arduino项目至关重要。

下面使用long类型代码进行演示，示例代码如图2-10所示。

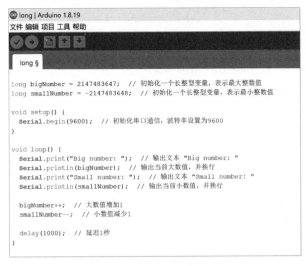

图 2-10　long() 函数

上面例子展示了long类型在Arduino中的使用，特别是其最大值、最小值和溢出行为。代码详细解读如下。

（1）变量声明（图2-11）。

```
long bigNumber = 2147483647;
long smallNumber = -2147483648;
```

图 2-11　变量声明

注释：bigNumber被初始化为2147483647，这是32位有符号long类型的最大值。

smallNumber被初始化为-2147483648，这是32位有符号long类型的最小值。

（2）setup()函数（图2-12）。

```
void setup() {
  Serial.begin(9600);
}
```

图 2-12　setup() 函数

注释：初始化串口通信，设置波特率为9600，这允许Arduino通过串口向电脑发送数据。

（3）loop()函数（图2-13）。

```
void loop() {
  Serial.print("Big number: ");
  Serial.println(bigNumber);
  Serial.print("Small number: ");
  Serial.println(smallNumber);

  bigNumber++;
  smallNumber--;

  delay(1000);
}
```

图 2-13　loop() 函数

注释：打印当前的bigNumber和smallNumber值。

bigNumber每次循环增加1。

smallNumber每次循环减少1。

delay(1000)使循环每秒执行一次。

以下是执行后的结果（图2-14）。

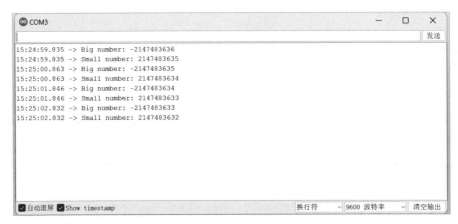

图 2-14　执行结果

2.2.3　short（短整型）

short类型在Arduino中通常与int相同，占用2字节（16位），表示范围为-32768到32767。尽管两者占用的内存相同，但使用short可以明确表达变量的预期用途。选择合适的数据类型有助于优化内存的使用，提高代码的可读性和维护性。合理使用数据类型可以提高程序的性能和可靠性。在Arduino编程中，虽然short和int在大多数情况下是等价的，但使用short可以更清晰地表明该变量只需一个较小的范围。这对代码的自文档化和团队协作非常有益，使其他开发者能够快速理解变量的预期用途和范围限制。在某些特定的Arduino板或其他嵌入式平台上，short可能会占用更少的内存，因此使用short可以提高代码的可移植性。此外，明确使用short类型可以帮助开发者在设计阶段就考虑到变量的范围限制，从而减少潜在的溢出错误。在处理外部设备或协议时，如果知道数据范围不会超过short的限制，使用short类型可以更准确地反映数据的本质。虽然在性能方面，short和int在大多数Arduino平台上没有显著差异，但在某些特定的微控制器架构中，操作short类型可能会略快。然而，过度关注这种微小的优化通常不如关注代码的清晰度和可维护性更重要。在开发大型或复杂的Arduino项目时，一致性地使用适当的数据类型可以大大提高代码质量。例如，对于循环计数器或小范围的传感器读数，使用short类型可以清楚地表明这些变量不需要很大的范围。总的来说，虽然short在Arduino中的使用可能看似冗余，但它在代码语义、可读性和可维护性方面提供了重要价值，是良好编程实践的一部分。

下面通过代码示例（图2-15）展示short类型的使用，其行为与int类似。这段代码的关键点如下。

```
short smallCounter = 0;   // 初始化一个短整型变量，表示小计数器，初始值为0
short maxShort = 32767;   // 初始化一个短整型变量，表示短整型的最大值为32767
void setup() {
  Serial.begin(9600);     // 初始化串口通信，波特率设置为9600
}
void loop() {
  Serial.print("Small counter: ");  // 输出文本 "Small counter: "
  Serial.println(smallCounter);     // 输出当前小计数器的值，并换行
  smallCounter++;                   // 小计数器增加1

  if (smallCounter > maxShort) {    // 如果小计数器超过最大短整型值
    smallCounter = 0;               // 将小计数器重置为0
  }

  delay(500);  // 延迟500毫秒
}
```

图 2-15　代码示例

- short类型范围：展示了short类型的正数范围（0到32767）。
- 循环计数：代码模拟了一个简单的计数器，从0计数到short的最大正值。
- 溢出处理：不同于让short自然溢出（这会导致它变为负数），代码在达到最大值时需要手动将计数器重置为0。
- 与int的相似性：在大多数Arduino板上，short和int类型的大小相同（16位），因此它们的行为非常相似。
- 使用场景：这个例子展示了short类型适用于需要较小范围整数的情况，可以在某些情况下替代int来节省内存。
- 频率控制：通过delay(500)，代码每半秒更新一次计数器，这使得数值变化可以在串口监视器中清晰观察。

以上例子充分地展示了short类型的基本使用和范围，以及如何在达到类型限制时进行自定义的重置操作。通过提醒开发者在使用short类型时要注意其阈值范围，并在必要时进行适当的溢出处理。

2.2.4　byte（字节型）

byte数据类型是8位无符号整数类型，范围从0到255。在Arduino等嵌入式系

统中，它通常用于存储和处理小整数值，如传感器数据、状态标志或控制信号。由于其小尺寸和范围限制，byte类型适合需要节省内存且数值不超过255的应用场景。使用byte可以有效地管理内存，并确保程序在资源有限的环境中高效运行。在Arduino编程中，byte类型的应用非常广泛。例如，在处理数字引脚的输入输出时，由于引脚状态只有高、低两种，使用byte类型就足够了。同样，对于许多模拟传感器，如光敏电阻或温度传感器，其读数通常被映射到0~255范围内，使用byte类型存储这些数据既节省内存又符合数据的实际范围。在处理通信协议时，byte类型也很常用，特别是在实现串行通信或I^2C协议时，数据通常以字节为单位传输。

此外，在进行位操作时，byte类型提供了一个理想的8位操作单元，便于进行掩码、移位等操作。然而，使用byte类型时也需要注意一些潜在的陷阱。由于它是无符号类型，在进行算术运算时可能会出现意外的结果，特别是在涉及减法或比较操作时。开发者需要时刻注意变量的范围，防止溢出错误。在某些情况下，可能需要进行类型转换，以确保计算的正确性。尽管byte类型在节省内存方面有优势，但在某些处理器架构上，操作8位数据可能不如操作16位或32位数据效率高。因此，在对性能要求极高的场景中，可能需要权衡内存使用和执行效率。总的来说，合理使用byte类型可以显著优化Arduino程序的内存使用，特别是在处理大量小范围整数或需要频繁进行位操作的场景中。它是Arduino编程中一个强大而灵活的工具，能够帮助开发者充分利用有限的硬件资源。

下面的代码示例（图2-16）使用byte类型来控制LED的亮度，展示了其在0~255范围内的应用。

```
byte ledBrightness = 0; //初始化一个字节型变量，表示LED亮度，初始值为0
byte fadeAmount =5 ; //初始化一个字节型变量，表示LED亮度变化的步进值，初始值为5

void setup() {
  pinMode(9, OUTPUT);//设置引脚9为输出模式，用于控制LED
}

void loop() {
  analogWrite(9, ledBrightness); //使用PWM方式向引脚9写入LED的亮度值

  ledBrightness += fadeAmount; //调整LED亮度值

  if (ledBrightness == 0 || ledBrightness == 255){ //如果LED亮度值小于等于0或大于等于255
    fadeAmount = - fadeAmount;//反转亮度变化步进方向
  }

  delay(30);//延迟30毫秒
}
```

图2-16 代码示例

(1)变量声明(图2-17)。

```
byte ledBrightness = 0;
byte fadeAmount = 5;
```

图 2-17 变量声明

注释:LedBrightness(LED亮度,指通过调节电流脉宽调制控制LED发光的明暗程度,是嵌入式开发和电子项目中的常见操作)是一个byte类型变量,用于存储LED的亮度值,初始为0(最暗)。

fadeAmount(Arduino代码中常见的变量名,通常用于控制LED或其他PWM设备亮度渐变的步进值)也是一个byte类型变量,表示每次循环亮度变化的幅度,设为5。

(2)setup()函数(图2-18)。

```
void setup() {
  pinMode(9, OUTPUT);
}
```

图 2-18 setup() 函数

注释:设置9号引脚为输出模式,这个引脚将用于控制LED。

(3)loop()函数(图2-19)。

```
void loop() {
 analogWrite(9, ledBrightness); //使用PWM方式向引脚9写入LED的亮度值

ledBrightness += fadeAmount; //调整LED亮度值

if (ledBrightness == 0 || ledBrightness == 255){ //如果LED亮度值小于等于0或大于等于255
    fadeAmount = - fadeAmount;//反转亮度变化步进方向
}
delay(30);
}
```

图 2-19 loop() 函数

注释:analogWrite(9, ledBrightness)表示使用PWM(脉冲宽度调制)在9号引脚输出当前亮度值。

ledBrightness += fadeAmount表示更新LED亮度,每次循环增加或减少5。

条件语句检查亮度是否达到最小(0)或最大(255)值,如果是,则反转fadeAmount的正负,改变亮度变化方向。

delay(30)表示每次循环后短暂延迟,控制渐变速度。

以上代码的关键点如下。
- byte类型应用:展示byte类型在0~255范围内的完美应用,正好对应Arduino的PWM输出范围。
- LED渐变效果:通过逐步增加和减少亮度值,打造LED渐亮渐暗的效果。
- 边界处理:当亮度达到最大值或最小值时,改变亮度变化方向,确保亮度值始终在有效范围内。
- PWM使用:利用analogWrite()函数和byte类型变量实现了LED亮度的精细控制。
- 无符号特性:byte是无符号类型,范围从0到255,非常适合这种不需要负值的场景。
- 内存效率:使用byte而不是int类型可以在处理小范围值时节省内存。

以上例子充分地展示了byte类型在Arduino中的实际应用,特别是在需要0~255范围值的场景中,如LED控制、传感器读数处理等。展示如何利用byte类型的特性来实现简洁而高效的代码。

选择合适的整数类型(图2-20)注意事项如下。

① 内存考虑:在内存受限的情况下,选择较小的数据类型可以节省宝贵的RAM(Random Access Memory,随机存取存储器,用于临时存储数据)。

② 范围需求:确保选择的类型能够容纳需要表示的所有可能的值。

③ 性能影响:较大的数据类型可能在某些操作上稍慢,但在现代Arduino板上,这种差异通常可以忽略。

④ 兼容性:在与其他系统或库交互时,注意数据类型的兼容性。

⑤ 溢出风险:注意处理可能的溢出情况,特别是在进行数学运算时。

类型	大小(位)	范围	无符号范围	常见用途
int	16	-32768 到 32767	0 到 65535	一般计数,存储中等大小的数
long	32	-2147483648 到 2147483647	0 到 4294967295	大数值计算,时间戳
short	16	-32768 到 32767	0 到 65535	节省内存时使用
byte	8	N/A	0 到 255	数据传输,LED控制

图 2-20 整数类型比较表格

2.3 数组与字符串

Arduino中的数组和字符串是非常重要的数据结构，用于处理多个相关数据和文本信息。数组是一组相同类型的元素的集合，通过索引访问每个元素。字符串是字符数组的特例，用于存储和操作文本数据。在Arduino编程中，正确使用数组和字符串可以有效管理数据和简化代码逻辑。例如，可以使用数组存储传感器读数或控制命令，使用字符串处理用户输入或显示的信息。下面将详细介绍如何声明、初始化和操作这两种数据类型，以及它们在实际项目中的应用示例。

2.3.1 数组

数组是一种用于存储多个相同类型数据的数据结构。在Arduino中，数组可以包含任何数据类型，如整数、浮点数或字符。数组在Arduino编程中扮演着至关重要的角色，它们允许开发者以结构化和高效的方式管理大量相关数据。例如，在处理多个传感器读数时，可以使用数组来存储和处理这些数据，而不是创建多个单独的变量。数组的索引从0开始，这一特性使得它们特别适合用于循环操作，如使用for循环遍历所有元素。在Arduino项目中，数组常用于存储LED引脚编号、传感器历史数据、音调频率或预定义的模式序列等。数组的另一个重要应用是在字符串处理中，因为在Arduino中，字符串本质上是字符数组。这使得数组成为文本处理和通信协议实现的关键工具。然而，使用数组时也需要注意一些限制。Arduino的内存有限，大型数组可能会迅速耗尽可用RAM。因此，在声明数组时应谨慎考虑其大小，并尽可能使用最小必要的数据类型。此外，Arduino不支持动态数组分配，这意味着人们必须在编译时确定数组大小。为了克服这一限制，开发者有时会使用链表或其他动态数据结构。在Arduino中也是支持多维数组的，它们可以用于更复杂的数据结构，如矩阵操作或游戏状态存储。然而，多维数组会占用更多内存，使用时需要格外小心。

总的来说，数组是Arduino编程中不可或缺的工具，它们提供了一种简洁而强大的方式来组织和操作数据，但使用时需要平衡内存的使用和程序需求。

数组声明和初始化代码如图2-21所示。

```
int myNumbers[5] = {10, 20, 30, 40, 50};   // 声明并初始化整数数组
float temperatures[3];   // 声明浮点数数组，未初始化
```

图2-21 数组声明和初始化

访问和修改数组元素代码如图2-22所示。

```
void setup() {
  Serial.begin(9600);   // 初始化串口通信，波特率设置为9600

  int firstNumber = myNumbers[0];   // 访问数组 myNumbers 的第一个元素并赋值给 firstNumber
  myNumbers[2] = 35;   // 将数组 myNumbers 的第三个元素设置为35，修改数组内容

  for (int i = 0; i < 5; i++) {
    Serial.println(myNumbers[i]);   // 通过串口打印数组 myNumbers 的每个元素的值
  }
}

void loop() {
  // 空循环，没有代码
}
```

图 2-22　访问和修改数组元素

以上代码的目的是初始化串口通信，并展示了如何访问、修改和打印一个名为 myNumbers 的整数数组的操作过程。

多维数组初始化与赋值代码如图2-23所示。

图 2-23　多维数组初始化与赋值

图2-23中这段Arduino代码定义了一个3×3的整数类型的二维数组matrix（一个数学和计算机科学中的核心概念，指按行和列排列的二维或多维数据结构），并初始化了它的元素（图2-24）。

```
int matrix[3][3] = {
  {1, 2, 3},
  {4, 5, 6},
  {7, 8, 9}
};
```

图 2-24　二维数组 matrix

在setup()函数中，通过串行通信（Serial）将数组matrix的内容输出到串行监视器（如串口监视器）。

使用Serial.begin(9600)初始化串行通信，设置波特率为9600。

使用嵌套的for循环遍历二维数组，并通过Serial.print()逐个输出每个元素，每个元素之间用空格分隔。

在每行输出完成后，使用Serial.println()（Arduino函数，用于将数据发送到串口并换行）换行，以便输出下一行。

图2-23中的代码的目的是在串口监视器中打印出整数二维数组matrix的内容，以便调试和验证数组初始化是否正确。

2.3.2　字符串

在Arduino中，字符串可以用两种方式表示：一种是字符数组（char array），例如char myString[] = "Hello";，这种方式直接操作字符序列；另一种是String（字符串，一种用于存储和操作文本数据的数据类型）对象，例如String myString = "Hello";，这种方式提供了更多字符串处理函数和便利方法。选择合适的表示方式取决于人们的需求和程序的复杂度。使用字符数组节省内存和处理速度，而String对象则提供更多高级功能，如字符串拼接、查找和比较，适合需要频繁操作字符串的场景。字符数组在Arduino编程中更为底层和高效，特别适合处理固定长度的字符串或当内存资源极其有限时。它们在内存中是连续存储的，可以通过索引直接访问单个字符，这使得字符数组在某些操作上非常快速。然而，使用字符数组需要手动管理内存和边界，容易出现缓冲区溢出等问题。相比之下，String对象提供了一个更高级的抽象，自动处理内存分配和释放，大大简化了字符串操作。String类提供了丰富的方法，如substring()

（多种编程语言中常见的字符串截取函数，用于从原字符串中提取指定范围的子串）、indexOf()（多种编程语言中常用的字符串或数组方法，用于查找指定元素或子串的首次出现位置）和replace()（编程中常见的字符串或集合元素替换方法，用于将指定内容替换为新内容）等，使得复杂的字符串操作变得简单。但这种便利性是以占用更多内存和性能开销为代价的。在选择使用哪种方式时，开发者需要考虑项目的具体需求。对于简单的、固定格式的字符串，或者在极度受限的内存环境中，字符数组可能是更好的选择。而对于需要频繁修改、拼接或复杂处理的字符串，特别是在处理用户输入或动态生成的文本时，String对象能大大提高开发效率。值得注意的是，在某些情况下，混合使用这两种方法可能是最优解。例如，可以使用字符数组存储固定的消息模板，而使用String对象来处理动态部分。此外，了解String对象的内部工作原理，其动态内存分配策略，可以帮助开发者更好地优化程序性能。总的来说，在Arduino编程中灵活运用这两种字符串表示方式，能够在内存使用、处理效率和代码可读性之间取得良好的平衡。

2.3.3 字符数组

在Arduino中，字符数组是一种用于存储和操作文本数据的重要数据类型。它们由一系列字符组成，以null结尾，可用于存储字符串和字符序列。开发者通过索引访问和修改数组元素，进行常见的字符串操作如拼接、比较和复制。在Arduino编程中，字符数组广泛应用于与外部设备通信、显示文本信息和处理传感器数据等任务。由于Arduino的资源限制，开发者需要注意数组的大小和内存的使用，以确保程序的效率和稳定性。

字符数组的一个重要特性是它们在内存中是连续存储的，这使得它们在访问和操作上非常高效。在Arduino编程中，字符数组常用于存储固定的消息、命令或配置信息。例如，在实现串行通信协议时，可以使用字符数组来构建和解析消息。同样，在与LCD显示器交互时，字符数组可以用来准备显示内容。

字符数组的另一个优势是它们可以直接与C语言的字符串处理函数，如strcpy()、strcmp()和strcat()[C/C++标准库<string.h>中常用的字符串操作函数，strcpy()是字符串复制、strcmp()是字符串比较、strcat()是字符串拼接]一起使用，这些函数通常比String对象的方法更节省内存和处理时间。然而，使用字符数组也需要更多的编程技巧和注意事项。例如，开发者必须手动管理数组的大小，确保有足够的空间存储数据，并防止缓冲区溢出。

此外，在进行字符串操作时，需要注意保留结尾的null字符，以确保字符串被正确终止。在处理可变长度的文本数据时，使用字符数组可能需要更复杂的内存管理策略。尽管如此，对于许多Arduino项目，特别是那些内存严重受限或需要高效处理固定格式文本的项目，字符数组仍然是首选的解决方案。熟练掌握字符数组的使用，开发者可以创建更高效、更可靠的Arduino程序。

图2-25展示了一个字符数组使用示例。

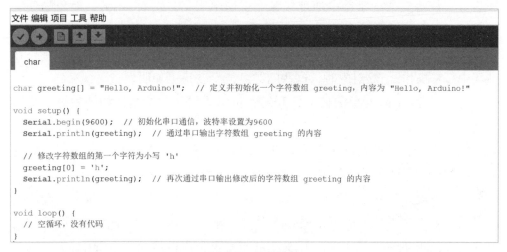

图2-25　字符数组

这段代码展示了Arduino中字符数组的使用。它定义了一个字符数组greeting，初始化为"Hello, Arduino!"。在setup()函数中，代码通过串口输出原始字符串，然后修改数组的第一个字符为小写'h'，并再次输出修改后的字符串。这个例子说明了字符数组的可变性和直接操作单个字符的能力。loop函数保持为空，所有操作仅在启动时执行一次。

2.3.4　String对象

在Arduino中，String对象是用于处理字符串的高级数据类型。它提供了方便的方法来操作文本数据，如拼接、比较、查找子字符串和转换为数字等。String对象自动处理内存分配和释放，简化了字符串操作的复杂性。然而，频繁的String对象操作可能导致内存碎片和性能问题，特别是在内存有限的

Arduino设备上。String类的设计旨在让字符串操作变得更加直观和简单，特别适合处理动态文本内容。例如，在处理用户输入、构建复杂的输出消息或解析接收到的数据时，String对象可以大大减少代码量并提高可读性。

String类提供了许多有用的方法，如substring()用于提取部分字符串，indexOf()用于查找特定字符或子串的位置，replace()用于替换字符串中的内容，toInt()（编程中常见的类型转换函数，用于将其他数据类型，如字符串、浮点数转换为整数）和toFloat()（编程中常见的类型转换函数，用于将其他数据类型，如字符串、整数转换为浮点数）等用于将字符串转换为数值类型。这些方法使得复杂的字符串处理任务变得简单明了。然而，String对象的便利性是以一定的代价换来的。每次修改String对象时，都可能涉及内存的重新分配，这在内存受限的Arduino环境中可能导致性能问题和内存碎片化。特别是在循环中频繁操作String对象时，这些问题可能会变得更加明显。

为了优化String对象的使用，开发者可以采取一些策略，如预先分配足够的空间，使用reserve()的方法，或者在可能的情况下使用字符数组替代频繁变化的字符串。在某些情况下，混合使用String对象和字符数组可能是一个好的折中方案，利用两者的优势来平衡性能和便利性。

总的来说，String对象在Arduino编程中是一个强大的工具，特别适合那些需要灵活处理文本数据但不太关心微小性能差异的项目。然而，在资源极其受限或需要高度优化的场景中，开发者可能需要更谨慎地使用String对象，或考虑使用更底层的字符数组操作。

图2-26中的代码演示了Arduino中String对象的基本操作。即初始化一个String变量，并通过串口通信展示了字符串连接（concat）、子字符串提取（substring）和长度获取（length）等操作。这段代码是在setup函数中执行这些操作并输出结果，而loop函数保持为空，同时展示了String类的灵活性和常用方法，适用于需要进行字符串处理的Arduino项目。

字符串比较和转换代码示例如图2-27所示。结合数组和字符串的实例如图2-28所示。

```
文件 编辑 项目 工具 帮助

String

String message = "Welcome to Arduino";  // 定义并初始化一个String对象 message, 内容为 "Welcome to Arduino"
void setup() {
  Serial.begin(9600);  // 初始化串口通信, 波特率设置为9600
  Serial.println(message);  // 通过串口输出String对象 message 的内容

  // 对String对象进行操作
  message.concat("!");  // 在末尾添加字符 '!'
  Serial.println(message);  // 再次通过串口输出修改后的String对象 message 的内容

  String subStr = message.substring(0, 7);  // 提取从索引0到索引6的子字符串 (不包括索引7)
  Serial.println(subStr);  // 输出提取的子字符串

  int length = message.length();  // 获取String对象 message 的长度
  Serial.println(length);  // 输出String对象 message 的长度
}

void loop() {
  // 空循环, 没有代码
}
```

图 2-26 String 对象

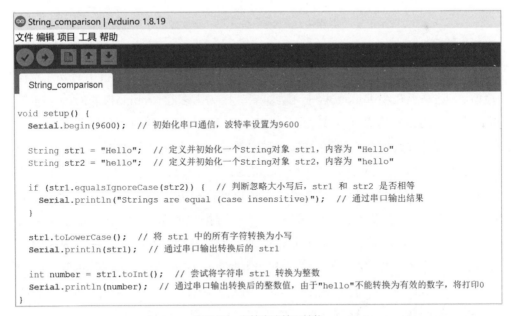

图 2-27 字符串比较和转换

这个例子结合了字符串数组和整数数组, 演示了如何使用数组存储相关数据, 以及如何通过串口与用户交互。

图2-28 结合数组和字符串的实例

使用数组和字符串的注意事项如下。

（1）内存管理。Arduino的内存有限，使用大型数组或长字符串时要注意内存使用。这一点在Arduino编程中尤为重要，因为大多数Arduino板的RAM容量都相对较小，通常只有几千字节。有效的内存管理不仅能够防止程序崩溃，还能提高整体性能和稳定性。在使用数组和字符串时，开发者需要时刻关注内存消耗。对于大型数组，应该考虑是否真的需要将所有数据同时存储在内存中，或者是否可以分批处理数据。如果可能，可以使用EEPROM或外部存储设备（如SD卡）来存储大量数据，只在需要时才将数据加载到RAM中。对于长字符串，可以利用Arduino的PROGMEM关键字将固定的文本存储在程序内存中，而不是占用宝贵的RAM。在处理动态文本时，应该谨慎使用String对象，因为它们可能导致内存碎片化。相反，可以考虑使用预分配的字符数组和更低级的字符串操作函数。在设计程序时，应该仔细评估每个变量和数据结构的大小，并尽可能选择最小的数据类型。例如，对于小范围的整数，使用byte或int而不是long可以节省内存。

同时，要注意全局变量的使用，因为它们在整个程序运行期间都占用内存。如果可能，将大型变量声明为局部变量，并在不需要时及时释放。对于复杂的数据结构，可以考虑使用位域或压缩技术来减少内存占用。在开发过程中，定期检查内存使用情况是一个好习惯。Arduino IDE提供了编译时的内存使用报告，可以帮助用户识别潜在的内存问题。对于运行时内存的监控，可以使用freeMemory()函数来跟踪可用内存。如果发现内存使用接近极限，就需要重新评估程序结构，可能需要优化算法或重新设计数据存储方式。在某些情况下，可能需要考虑使用更大内存的Arduino板或转向其他微控制器平台。

总的来说，在Arduino开发中，平衡功能需求和内存限制是一个持续的挑战。通过仔细规划、优化代码和采用适当的数据管理策略，开发者可以在有限的内存资源下实现复杂的功能，创建高效、稳定的Arduino项目。

（2）边界检查。访问数组元素时要注意不要超出数组边界。这是Arduino编程中一个至关重要的安全实践，忽视它可能导致严重的程序错误和不可预测的行为。在Arduino这样的嵌入式系统中，数组边界溢出不仅会导致程序崩溃，还可能破坏内存中的其他数据，引发难以诊断的问题。因此，开发者必须始终保持警惕，确保所有数组访问都在合法范围内。实现有效的边界检查涉及多个方面。

首先，在声明数组时，应该仔细考虑其大小，确保足以容纳所有可能的数据，同时不过度分配内存。使用符号常量或#define语句定义数组大小可以提高代码的可读性和可维护性。

其次，在访问数组元素时，应该始终验证索引是否在有效范围内。这可以通过简单的条件语句来实现，如检查索引是否小于数组长度。在循环中使用数组时，要特别注意循环条件，确保不会意外越界。对于多维数组，边界检查变得更加复杂，需要仔细计算每个维度的有效范围。在处理用户输入或外部数据时，边界检查尤为重要，因为这些数据可能超出预期范围。实施健壮的输入验证和数据清理可以大大减少边界溢出的风险。

此外，使用Arduino提供的内置函数，如constrain()，可以帮助用户将值限制在安全范围内。对于字符数组，要特别注意保留足够的空间存储终止符（null字符）。在进行字符串操作时，应该使用安全的字符串处理函数，如strncpy()而不是strcpy()，以防止缓冲区溢出。虽然实施全面的边界检查可能会增加一些代码开销，但这远远小于处理由边界溢出引起的问题所需的成本。养成良好的编程习惯，如使用断言（assert）来捕获开发阶段的边界错误，可以提高代码质量。

总的来说，在Arduino编程中，谨慎的数组边界管理是编写安全、可靠代码的基础。通过系统性地实施边界检查，开发者可以显著提高程序的稳定性和安全性，为创建更复杂、更健壮的Arduino项目奠定基础。

（3）字符串vs字符数组。字符数组更节省内存，而String对象提供了更多便利的操作方法。在Arduino编程中，这两种字符串表示方式各有优劣，选择哪种取决于具体项目需求和资源限制。字符数组是最基本的字符串表示方式，它们在内存中连续存储，以null字符结尾。由于其结构简单，字符数组在内存使用上非常高效，特别适合存储固定长度或较短的字符串。它们可以直接与C语言的字符串处理函数配合使用，如strcpy()、strcat()等，这些函数通常比String对象的方法执行得更快。然而，使用字符数组需要开发者手动管理内存和字符串长度，增加了编程的复杂度和出错的风险。相比之下，String对象提供了更高级的抽象，自动处理内存分配和释放，大大简化了字符串操作。String类提供了丰富的方法，如substring()、indexOf()、replace()等，使复杂的字符串操作变得简单直观。这种便利性特别适合处理动态文本内容或频繁变化的字符串。然而，String对象的灵活性是以额外的内存开销和潜在的性能损失为代价的。每个String对象都包含额外的元数据，如长度信息和容量，这增加了内存的使用。此外，String对象的动态特性可能导致频繁的内存重新分配，特别是在反复修改字符串时，这可能引起内存碎片化和性能下降。在选择使用哪种方法时，需要考虑项目的具体需求。对于内存极其受限或需要高性能的场景，字符数组可能是更好的选择。而对于需要频繁操作或动态生成文本的项目，String对象的便利性可能会大大提高开发效率。在实际应用中，混合使用这两种方法往往能够达到最佳效果。例如，可以使用字符数组存储固定的文本模板，而使用String对象处理动态部分。了解两种方法的优缺点，并根据具体情况灵活选择，是Arduino开发中字符串处理的关键技能。

（4）动态分配。Arduino中通常避免使用动态内存分配（如C++中的new关键字），因为可能导致内存碎片化。这一原则源于Arduino平台的特性和限制。Arduino设备通常具有有限的RAM和处理能力，使得动态内存管理变得复杂且容易出错。动态内存分配虽然提供了灵活性，允许程序在运行时按需分配内存，但在Arduino这样的嵌入式系统中可能引发一系列问题。

首先，动态分配可能导致内存碎片化，随着时间的推移，可用内存会被分割成小块，即使总的可用内存足够，也可能无法满足大块内存的分配请求。

其次，动态分配和释放操作本身会消耗处理时间和额外的内存开销，这在资源受限的环境中可能造成显著影响。

此外，如果没有正确管理，动态分配可能导致内存泄露，在长时间运行的Arduino项目中尤其危险。

为了避免这些问题，Arduino开发者通常采用静态内存分配策略。包括使用固定大小的数组、预先分配的缓冲区和全局变量。虽然这种方法可能看似不够灵活，但它提供了更可预测的内存使用模式和更稳定的系统行为。在需要可变大小数据结构的情况下，可以考虑使用预分配的内存池或循环缓冲区等技术。对于必须使用动态分配的情况，如处理未知大小的数据流，建议谨慎实现，确保及时释放不再需要的内存，并考虑定期重启设备，以重置内存状态。使用PROGMEM关键字将常量数据存储在程序内存中，也是一种有效减少RAM使用的方法。

总的来说，在Arduino编程中，优先考虑静态内存分配和高效的内存管理策略，可以显著提高程序的可靠性和性能。了解这些限制和最佳实践，对于开发稳定、高效的Arduino项目至关重要。

（5）字符串拼接。频繁的字符串拼接操作可能导致内存碎片，应谨慎使用。在Arduino编程中，字符串拼接是一个常见的需求，特别是在处理动态文本、构建通信消息或格式化输出时。然而，频繁的字符串拼接操作可能会对Arduino的有限内存资源造成显著影响。每次进行字符串拼接，特别是使用String对象时，都可能涉及内存的重新分配和复制操作。这不仅会增加程序的执行时间，还可能导致内存碎片化，最终降低系统的整体性能和稳定性。

为了优化字符串拼接操作，开发者可以采取几种策略。

首先，可以使用String对象的reserve()方法预先分配足够的内存空间，减少后续拼接时的内存重新分配次数。

其次，在可能的情况下，使用字符数组和strcpy()、strcat()等函数进行拼接操作。这种方法虽然编码稍显复杂，但能更好地控制内存使用。另一种有效的方法是使用字符串缓冲区，预先分配一个足够大的字符数组，然后在其中进行所有的拼接操作。在需要频繁更新的场景中，如显示实时数据，可以考虑只更新变化的部分，而不是每次都重新构建整个字符串。对于复杂的字符串操作，可以使用sprintf()函数，它允许更灵活地格式化字符串，同时避免了多次拼接操作。在处理长字符串或大量文本数据时，考虑使用外部存储（如EEPROM或SD卡）来存储固定的文本模板，只在需要时读取和处理。

此外，在循环中进行字符串拼接时要特别小心，尽量将拼接操作移出循环，或者在循环内使用更高效的方法。

总的来说，虽然字符串拼接是一个强大的工具，但在Arduino这样资源受限的环境中，开发者需要权衡便利性和性能影响，选择最适合项目需求的字符串处理策略。通过合理设计和优化，可以在保持代码可读性和功能性的同时，最小化字符串拼接对系统性能的影响。

（6）多维数组。使用多维数组时要特别注意内存的使用，因为它们可能占用大量内存。在Arduino编程中，多维数组是一种强大但需谨慎使用的数据结构。它们允许以更复杂的方式组织数据，非常适合表示矩阵、网格或层次化的信息。例如，在开发游戏时，可以使用二维数组来表示游戏板；在环境监测项目中，可以用三维数组存储不同位置、不同时间点的多种传感器数据。然而，多维数组的使用也带来了一些挑战。

首先，它们的内存消耗随维度的增加而急剧增长。即使是看似小的多维数组，也可能很快耗尽Arduino有限的RAM。因此，在声明多维数组时，务必仔细计算所需的总内存，并考虑是否有更节省内存的替代方案。

其次，多维数组的访问和操作可能比一维数组更复杂，尤其是在涉及动态索引计算时。这不仅增加了代码的复杂性，还可能影响程序的执行效率。为了优化多维数组的使用，可以考虑使用一维数组模拟多维结构，通过数学计算将多维索引转换为一维索引。这种方法虽然增加了一些计算开销，但可以更灵活地管理内存。

另外，在某些情况下，使用结构体数组或指针数组可能是更好的选择，既可以实现复杂的数据组织，又能更有效地利用内存。在处理大型多维数组时，考虑使用外部存储设备（如SD卡）来存储数据，这也是一个好办法，这样可以大大减轻Arduino有限的RAM的压力。

总的来说，虽然多维数组在某些情况下是不可或缺的工具，但在Arduino这样的资源受限环境中，开发者需要权衡其使用带来的好处和潜在的内存问题，选择最适合项目需求的数据结构和存储策略。

2.4 数据运算

Arduino数据运算是编程中的基础操作，涉及多种运算符和数据类型。每种数据类型在运算时有不同的精度和内存占用特性。掌握这些运算符和类型能够实现各种算法和逻辑控制,是Arduino编程中必须掌握的基础知识。

2.4.1 算术运算符

在Arduino编程中,基本的算术运算符是程序中常用的工具,用于执行各种数学运算。下面介绍这些运算符的详细信息和示例用法。这些运算符包括加法(+)、减法(-)、乘法(*)、除法(/)和取模(%)。它们可以用于整数和浮点数运算,但需注意整数除法会舍去小数部分。此外,Arduino还支持复合赋值运算符,如+=、-=等,可以简化代码编写。在使用这些运算符时,要注意运算优先级和数据类型的匹配,以避免意外的结果。对于更复杂的数学运算,Arduino提供了math.h库中的函数,如sqrt()、sin()等,可以实现更高级的计算。合理使用这些运算符和函数,可以大大提高程序的效率和功能性。以下是这些运算符的详细说明和示例用法。

(1)加法(+)。用于将两个数相加。在Arduino编程中,加法运算符广泛应用于处理整数和浮点数。它是实现数值累加、计算总和、更新计数器等操作的基础工具。图2-29所示是加法运算符在Arduino中的详细说明和使用示例。

```
void setup() {
  // put your setup code here, to run once:
  int a = 5;
  int b = 3;
  int result = a + b;  // 结果为8
  //浮点数加法示例: float result = x + y;
  float x = 3.5;
  float y = 1.2;
  float result = x + y;  // 结果为4.7
  //整数和浮点数混合相加。
  int a = 7;
  float b = 2.5;
  float result = a + b;  // 结果为9
}
```

图2-29 加法运算

加法运算符是Arduino编程中不可或缺的基本工具,适用于各种数据类型和场景。无论是简单的数值计算、数组处理,还是时间管理和计数器更新,加法运算符都能高效地完成任务。掌握加法运算符的使用,有助于编写更高效、灵活的

Arduino程序。

（2）减法（-）。Arduino编程中最基础和常用的算术运算之一，用于计算两个数的差值。它适用于整数和浮点数类型，广泛用于数值计算、数据处理和控制逻辑中。图2-30所示是减法运算在Arduino中的详细说明和使用示例。

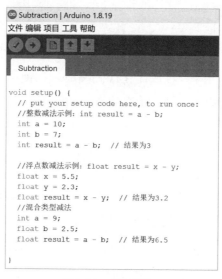

图 2-30　减法运算

减法运算符是Arduino编程中的基础工具，适用于各种数据类型和场景。无论是简单的数值计算、数组处理，还是时间管理和计时器更新，减法运算符都能高效地完成任务。掌握减法运算符的使用，有助于编写更高效、灵活的Arduino程序。通过对减法运算符的熟练应用，可以实现更复杂的逻辑和功能，使程序更加健壮和可靠。

（3）乘法（*）。Arduino编程中基础且常用的运算，用于计算两个数的乘积。它适用于整数和浮点数类型，广泛应用于数值计算、数据处理、物理计算和控制逻辑中。图2-31所示是乘法运算在Arduino中的详细说明和使用示例。

（4）除法（/）。用于计算两个数的商。注意：整数除法的结果将会是整数，而浮点数除法则会保留小数部分。除法运算符是Arduino 编程中的一个基础且常用的运算符，它适用于整数和浮点数类型，在数据处理、物理计算和控制逻辑中有着广泛的应用。图2-32所示是除法运算在 Arduino 中的详细说明和使用示例。在进行除法运算时，需要注意防止出现除以零的情况，否则运行时会导致出现错误或不可预期的行为。

```
2.4_multiplication | Arduino 1.8.19
文件 编辑 项目 工具 帮助

2.4_multiplication

void setup() {
  // put your setup code here, to run once:
  //整数乘法示例: int result = a * b;
  int a = 4;
  int b = 6;
  int result = a * b;    // 结果为24
  //浮点数乘法示例: float result = x * y;
  float x = 2.5;
  float y = 1.5;
  float result = x * y;    // 结果为3.75
  //混合类型乘法
  int a = 7;
  float b = 1.5;
  float result = a * b;    // 结果为10.5
}
```

图 2-31　乘法运算

```
2.4_division | Arduino 1.8.19
文件 编辑 项目 工具 帮助

2.4_division

void setup() {
  // put your setup code here, to run once:

  //整数除法示例: int result = a / b;
  int a = 10;
  int b = 3;
  int result = a / b;    // 结果为3,因为只保留整数部分

  //浮点数除法示例: float result = x / y;
  float x = 7.5;
  float y = 2.5;
  float result = x / y;    // 结果为3.0

  //混合类型除法
  int a = 9;
  float b = 2.0;
  float result = a / b;    // 结果为4.5

  //零除错误:在进行除法运算时,需要注意防止除以零的情况,否则会导致运行时错误或不可预期的行为。
  int a = 9;
  int b = 0;
  if (b != 0) {
    int result = a / b;
    Serial.println(result);
  } else {
    Serial.println("Error: Division by zero");
  }

}
```

图 2-32　除法运算

（5）取模（%）。用于计算两个数相除后的余数。它在处理循环、周期性任务和条件判断时特别有用。图2-33所示是取模运算在 Arduino 中的详细说明和使用示例。

```
2.4_Modulo | Arduino 1.8.19
文件 编辑 项目 工具 帮助

2.4_Modulo
void setup() {
  // put your setup code here, to run once:
  //在这个例子中，变量 a 被 b 整除后，result 变量保存了余数。因此，10 除以 3 的余数为 1。
  int a = 10;
  int b = 3;
  int result = a % b;  // 计算10除以3的余数，结果为1
  Serial.println(result);
}
```

图 2-33　取模运算

另外有几点需要特点注意。

- 除数不能为零：与除法运算一样，取模运算也不允许除数为零，否则会导致程序运行错误。
- 整数类型的限制：在使用取模运算时，要注意整数类型的范围，特别是在处理较大的数值时，确保不会溢出或产生不可预测的结果。
- 性能考虑：取模运算可能比简单的加法、减法运算消耗的处理器资源更多，尤其是在频繁调用或处理大数据量时，要注意程序的性能和效率。

2.4.2　逻辑运算符

逻辑运算符在Arduino编程中起着至关重要的作用，它们用于控制程序的流程，实现条件判断和布尔逻辑运算。下面详细讲解Arduino中的3种主要逻辑运算符：与（&&）、或（||）、非（!），并提供实际示例和应用场景。

（1）与运算符（&&）。用于在两个条件都为真时返回真，否则返回假（图2-34）。在这个例子中，如果a和b都大于0，则条件为真，执行串口打印操作。

应用场景如下。

① 复合条件判断：当需要同时满足多个条件时，逻辑与运算符非常有用。比如，在控制逻辑中，需要同时检查多个传感器的状态，只有当所有传感器都满足条件时，才能执行某个操作。

```
2.4.2_Logical_AND | Arduino 1.8.19
文件 编辑 项目 工具 帮助

2.4.2_Logical_AND
void setup() {
  // put your setup code here, to run once:
  int a = 5;
  int b = 3;
  if (a > 0 && b > 0) {
    // 当 a 和 b 都大于 0 时执行操作
    Serial.println("Both a and b are greater than zero.");
  }
}
```

图 2-34　与运算符

② 优化条件判断：与运算符可以减少不必要的计算，当第一个条件为假时，不会继续计算第二个条件，从而提高程序运行效率。

（2）或运算符（||）。用于在两个条件中至少有一个为真时返回真（图 2-35）。

```
2.4.2_logical_or | Arduino 1.8.19
文件 编辑 项目 工具 帮助

2.4.2_logical_or
void setup() {
  // put your setup code here, to run once:
  int a = 5;
  int b = 3;
  if (a > 0 || b > 0) {
    // 当 a 或者 b 中有一个大于 0 时执行操作
    Serial.println("Either a or b is greater than zero.");
  }
}
```

图 2-35　或运算符

应用场景如下。

① 条件选择：当需要在多个条件中选择一个或多个条件时，逻辑或运算符非常有用。例如，控制系统中可能会根据多个输入条件的任一满足情况来决定执行不同的操作。

② 组合条件：将多个条件组合成一个复杂的判断条件，只要满足其中一个条件，即可执行特定操作。

（3）非运算符（!）。用于反转布尔值的逻辑状态，即将真变假，将假变真。如图2-36所示，在这个例子中，如果 isOn 变量的值为假（false），则 !isOn 的值为真（true），执行串口打印操作。

```
2.4.2_logical_non | Arduino 1.8.19
文件 编辑 项目 工具 帮助

2.4.2_logical_non

void setup() {
  // put your setup code here, to run once:
  bool isOn = false;
  if (!isOn) {
    // 当 isOn 不为真（即为假）时执行操作
    Serial.println("The device is off.");
  }
}
```

图 2-36　非运算符

应用场景如下。

① 条件取反：逻辑非运算符经常用于取反操作，将条件的真假反转，从而实现当特定条件不满足时执行操作。

② 条件判断：与其他逻辑运算符结合使用，可以构建复杂的逻辑判断条件，根据不同条件组合执行不同的程序路径。

2.4.3　比较运算符

比较运算符是编程中的基本工具，用于比较两个值的大小或相等性。在Arduino编程中，常用的比较运算符有以下几种：相等（==）、不等（!=）、小于（<）、大于（>）、小于等于（<=）和大于等于（>=）。这些运算符主要用于条件判断和控制程序的执行流程。下面将详细讲解这些运算符的用法，并提供实际示例。

（1）相等运算符（==）。

相等运算符用于判断两个值是否相等。示例代码如图2-37所示。

```
2.4.3_equality_operator | Arduino 1.8.19
文件 编辑 项目 工具 帮助

2.4.3_equality_operator

void setup() {
  // put your setup code here, to run once:
  int a = 5;
  int b = 5;
  if (a == b) {
    Serial.println("a is equal to b.");
  }
}
```

图 2-37　相等运算符

在这个例子中，变量 *a* 和 *b* 的值都是5，因此条件 *a* == *b* 为真，执行串口打印操作。

应用场景如下。

① 状态检查：例如，检查一个传感器的读数是否达到了某个设定值，从而触发相应的操作。

② 用户输入验证：判断用户输入的值是否符合预期，从而决定接下来的处理逻辑。

（2）不等运算符（!=）。

不等运算符用于判断两个值是否不相等。简单的不等判断示例如图2-38所示。

```
void setup() {
  // put your setup code here, to run once:
  int a = 5;
  int b = 3;
  if (a != b) {
    Serial.println("a is not equal to b.");
  }
}
```

图 2-38　简单的不等判断

在这个例子中，变量 *a* 和 *b* 的值不同，因此条件 *a* != *b* 为真，执行串口打印操作。

应用场景如下。

① 错误检测：例如，检查传感器读数是否与预期值不同，从而判断是否出现故障。

② 条件排除：在多种选择中排除不符合条件的选项。

（3）小于运算符（<）。

小于运算符用于判断一个值是否小于另一个值。简单的小于判断示例如图2-39所示。

```
void setup() {
  // put your setup code here, to run once:
  int a = 3;
  int b = 5;
  if (a < b) {
    Serial.println("a is less than b.");
  }
}
```

图 2-39　简单的小于判断

在这个例子中，变量 a 的值小于 b，因此条件 a＜b 为真，执行串口打印操作。

应用场景如下。

① 范围检查：例如，检查一个值是否在某个范围内（下限）。

② 排序算法：在实现排序算法时，用于比较和交换元素。

（4）大于运算符（＞）。

大于运算符用于判断一个值是否大于另一个值。简单的大于判断示例如图2-40所示。

```
void setup() {
  // put your setup code here, to run once:
  int a = 5;
  int b = 3;
  if (a > b) {
    Serial.println("a is greater than b.");
  }
}
```

图 2-40　简单的大于判断

在这个例子中，变量 a 的值大于 b，因此条件 a＞b 为真，执行串口打印操作。

应用场景如下。

① 限制检查：例如，检查一个值是否超过某个上限。

② 优先级判断：在优先级系统中，判断某个元素是否具有更高的优先级。

（5）小于等于运算符（<=）。

小于等于运算符用于判断一个值是否小于或等于另一个值。简单的小于等于判断示例如图2-41所示。

```
void setup() {
  // put your setup code here, to run once:
  int a = 3;
  int b = 5;
  if (a <= b) {
    Serial.println("a is less than or equal to b.");
  }
}
```

图 2-41　简单的小于等于判断

在这个例子中，变量 a 的值小于或等于 b，因此条件 a<=b 为真，执行串口打印操作。

应用场景如下。

① 范围检查：例如，检查一个值是否在某个范围内（包括下限）。

② 边界条件处理：在处理边界条件时，确保某个值不超过或等于某个上限。

（6）大于等于运算符（>=）。

大于等于运算符用于判断一个值是否大于或等于另一个值。简单的大于等于判断示例如图2-42所示。

```
void setup() {
  // put your setup code here, to run once:
  int a = 5;
  int b = 3;
  if (a >= b) {
    Serial.println("a is greater than or equal to b.");
  }
}
```

图 2-42　简单的大于等于判断

在这个例子中，变量 *a* 的值大于或等于 *b*，因此条件 *a* >= *b* 为真，执行串口打印操作。

应用场景如下。

① 限制检查：例如，检查一个值是否不低于某个下限。

② 优先级判断：在优先级系统中，判断某个元素是否具有相同或更高的优先级。

2.4.4　位运算符

在Arduino编程中，位运算符用于直接操作二进制位，允许高效地执行低级别的操作。位运算符包括按位与（&）、按位或（|）、按位异或（^）、左移（<<）和右移（>>）。这些运算符在嵌入式编程中非常有用，可以用于控制硬件设备、优化代码性能和处理二进制数据。下面将详细讲解这些位运算符的工作原理和应用。

（1）按位与运算符（&）。

按位与运算符用于对两个操作数的每个对应位进行操作。只有当两个对应位都是1时，结果位才是1，否则结果位是0。按位与操作示例如图2-43所示。

```
void setup() {
  // put your setup code here, to run once:
  int a = 12;   // 12的二进制表示为 00001100
  int b = 10;   // 10的二进制表示为 00001010
  int result = a & b;  // 结果是 00001000, 即 8
  Serial.println(result);  // 输出 8
}
```

图 2-43　按位与操作

应用场景如下。

① 位屏蔽：用于提取特定位，例如提取某字节中的某个位。

② 清零特定位：通过与一个特定的掩码按位与，可以将特定的位清零。

（2）按位或运算符（|）。

按位或运算符用于对两个操作数的每个对应位进行或操作。只要有一个对应位是1，结果位就是1，否则结果位是0。按位或操作示例如图2-44所示。

```
void setup() {
  int a = 12;   // 12的二进制表示为 00001100
  int b = 10;   // 10的二进制表示为 00001010
  int result = a | b;  // 结果是 00001110, 即 14
  Serial.println(result);  // 输出 14
}
```

图 2-44　按位或操作

应用场景如下。

① 设置特定位：通过与一个特定的掩码按位或，可以设置特定位。

② 合并多个标志：将多个标志合并到一个字节中。

（3）按位异或运算符（^）。

按位异或运算符用于对两个操作数的每个对应位进行异或操作。当两个对应位不同（一个是1，一个是0）时，结果位为1，否则结果位为0（图2-45）。

```
void setup() {
  int a = 12;   // 12的二进制表示为 00001100
  int b = 10;   // 10的二进制表示为 00001010
  int result = a ^ b;  // 结果是 00000110, 即 6
  Serial.println(result);  // 输出 6
}
```

图 2-45　按位异或运算符

应用场景如下。

① 翻转特定位：通过与一个特定的掩码按位异或，可以翻转特定位。

② 加密算法：用于简单的加密和解密操作。

（4）左移运算符（<<）。

左移运算符用于将一个操作数的所有位向左移动指定的位数。移动后的右边用0填充。每左移一位，相当于乘以2。左移操作示例如图2-46所示。

```
void setup() {
  int a = 3;   // 3的二进制表示为 00000011
  int result = a << 2;  // 结果是 00001100，即 12
  Serial.println(result);  // 输出 12
}
```

图 2-46　左移操作

应用场景如下。

① 快速乘法：通过左移运算符，可以快速进行2的幂次乘法。

② 构造位模式：用于构造特定的位模式。

（5）右移运算符（>>）。

右移运算符用于将一个操作数的所有位向右移动指定的位数。移动后的左边用符号位（正数补0，负数补1）填充。每右移一位，相当于除以2。右移操作示例如图2-47所示。

```
void setup() {
  int a = 12;   // 12的二进制表示为 00001100
  int result = a >> 2;  // 结果是 00000011，即 3
  Serial.println(result);  // 输出 3
}
```

图 2-47　右移操作

应用场景如下。

① 快速除法：通过右移运算符，可以快速进行2的幂次除法。

② 解析位模式：用于解析和处理特定的位模式。

（6）实际应用示例。

示例1：LED状态控制

在嵌入式系统中，位操作常用于控制硬件设备。例如，可以使用按位与、按位或运算符控制多个LED的状态（图2-48）。

```
byte ledStatus = 0b00001111; //初始状态, 低4位为1, 高4位为0

void setup() {
  Serial.begin(9600);
  for (int i = 0; i < 0; i++){
    pinMode(i, OUTPUT);
  }
}

void loop() {
  //开启第6位的LED
  ledStatus = ledStatus | 0b00100000;
  updateLEDs();

  delay(1000);

  //关闭第6位的LED
  ledStatus = ledStatus & 0b11011111;
  updateLEDs();

  delay(1000);
}
void updateLEDs(){
  for (int i = 0; i < 0; i++){
    digitalWrite(i, (ledStatus >> i) & 0x01);
  }
}
```

图 2-48　LED 状态控制

示例2：传感器数据处理

假设有一个16位的传感器数据，需要分别提取高8位和低8位的数据，示例代码如图2-49所示。

```
uint16_t sensorData = 0xABCD;

void setup() {
  Serial.begin(9600);

  byte highByte = (sensorData >> 8) & 0xFF;  // 提取高8位
  byte lowByte = sensorData & 0xFF;  // 提取低8位

  Serial.print("High Byte: ");
  Serial.println(highByte, HEX);

  Serial.print("Low Byte: ");
  Serial.println(lowByte, HEX);
}

void loop() {
  // 空循环
}
```

图 2-49　传感器数据处理

2.4.5　赋值运算符

在Arduino编程中，赋值运算符用于将一个值赋给变量，而复合赋值运算符则结合了算术运算和赋值操作，简化了代码。这些运算符包括简单赋值运算符

（=）和复合赋值运算符（+=、-=、*=、/=、%=）。通过理解和使用这些运算符，可以编写出更简洁、高效的代码。下面将详细介绍这些运算符的工作原理和应用。

（1）简单赋值运算符（=）。

赋值运算符用于将右侧表达式的值赋给左侧的变量，左侧的变量必须是可以存储右侧值的有效变量。基本赋值示例如图2-50所示。

```
void setup() {
  int a = 10;    // 将10赋值给变量a
  float b = 3.14;  // 将3.14赋值给变量b
  char c = 'A';   // 将字符'A'赋值给变量c
}
```

图 2-50　基本赋值

应用场景如下。

① 变量初始化：为变量分配初始值。

② 更新变量值：在程序运行过程中修改变量的值。

（2）加法赋值运算符（+=）。

加法赋值运算符用于将右侧表达式的值加到左侧变量的当前值上，然后将结果赋给左侧变量。加法赋值操作示例如图2-51所示。

```
void setup() {
  int a = 5;
  a += 3;   // 相当于 a = a + 3; 现在a的值是8
}
```

图 2-51　加法赋值

应用场景如下。

① 累加操作：在循环中累加变量的值。

② 计数器：实现简单的计数器功能。

（3）减法赋值运算符（-=）。

减法赋值运算符用于将右侧表达式的值从左侧变量的当前值中减去，然后将结果赋给左侧变量。减法赋值操作示例如图2-52所示。

```
void setup() {
  int a = 10;
  a -= 4;   // 相当于 a = a - 4; 现在a的值是6
}
```

图 2-52　减法赋值

应用场景如下。

① 递减操作：在循环中递减变量的值。

② 计数器：实现简单的倒计时功能。

（4）乘法赋值运算符（*=）。

乘法赋值运算符用于将右侧表达式的值乘以左侧变量的当前值，然后将结果赋给左侧变量。乘法赋值操作示例如图2-53所示。

```
void setup() {
  int a = 4;
  a *= 2;   // 相当于 a = a * 2; 现在a的值是8
}
```

图 2-53　乘法赋值

应用场景如下。

① 比例缩放：调整变量值的比例。

② 指数增长：实现几何级数的增长。

（5）除法赋值运算符（/=）。

除法赋值运算符用于将左侧变量的当前值除以右侧表达式的值，然后将结果赋给左侧变量。需要注意的是，整数除法的结果是整数，浮点数除法则会保留小数部分。除法赋值操作示例如图2-54所示。

```
void setup() {
  int a = 20;
  a /= 4;   // 相当于 a = a / 4; 现在a的值是5
}
```

图 2-54　除法赋值

应用场景如下。

① 平均值计算：在循环中计算平均值。

② 减小比例：调整变量值的比例。

（6）取模赋值运算符（%=）。

取模赋值运算符用于将左侧变量的当前值除以右侧表达式的值，然后将得到的余数赋给左侧变量。取模运算通常用于循环结构中或处理周期性数据。取模赋值操作示例如图2-55所示。

```
void setup() {
  int a = 10;
  a %= 3;  // 相当于 a = a % 3; 现在a的值是1
}
```

图 2-55　取模赋值

应用场景如下。

① 周期性数据处理：处理周期循环的数据。

② 约束范围：将变量值约束在特定范围内。

（7）实际应用示例。

示例1：LED闪烁计数器

使用加法赋值运算符（+=）实现一个简单的计数器，控制LED的闪烁频率（图2-56）。

```
int ledPin = 13;
int counter = 0;

void setup() {
  pinMode(ledPin, OUTPUT);
  Serial.begin(9600);
}

void loop() {
  counter += 1;  // 每次循环计数器加1

  if (counter >= 100) {
    counter = 0;  // 当计数器达到100时重置为0
    digitalWrite(ledPin, !digitalRead(ledPin));  // 切换LED状态
    Serial.println("LED toggled");  // 输出调试信息
  }

  delay(10);  // 延迟10毫秒
}
```

图 2-56　LED 闪烁计数器

示例2：传感器数据处理

使用乘法赋值运算符（*=）和除法赋值运算符（/=）对传感器数据进行缩放和归一化处理（图2-57）。

示例3：循环约束

使用取模赋值运算符（%=）实现一个循环约束，将变量值限制在特定范围内（图2-58）。

```
float sensorValue;
float scaledValue;

void setup() {
  Serial.begin(9600);
}

void loop() {
  sensorValue = analogRead(A0);    // 读取模拟传感器数据

  scaledValue = sensorValue;
  scaledValue *= 5.0;      // 将传感器值放大5倍
  scaledValue /= 1023.0;   // 将传感器值归一化到0到5的范围

  Serial.print("Raw Value: ");
  Serial.print(sensorValue);
  Serial.print(" Scaled Value: ");
  Serial.println(scaledValue);

  delay(500);   // 延迟500毫秒
}
```

图 2-57 传感器数据处理

```
int counter = 0;

void setup() {
  Serial.begin(9600);
}

void loop() {
  counter += 1;      // 每次循环计数器加1
  counter %= 100;    // 将计数器值限制在0到99范围内

  Serial.println(counter);   // 输出计数器值

  delay(100);   // 延迟100毫秒
}
```

图 2-58 循环约束

2.5 Arduino 基本函数

在Arduino编程中，基本函数是开发者与硬件进行交互的核心工具。这些函数涵盖了从数字模拟输入或输出到时间管理、随机数生成、串口通信、中断处理，以及其他常用操作，为开发者实现丰富的功能提供了基础。数字输入或输出函数如digitalWrite、digitalRead（Arduino函数，用于读取数字引脚的电平状态）等，用于控制引脚的高低电平和读取引脚状态；模拟输入、输出函数如analogRead、analogWrite，用于读取模拟传感器数据和输出PWM信号。时间管理函数如millis和delay，则可以让程序在特定时间点执行或暂停特定时间。随机数生成函数如random（随机数生成函数，用于生成伪随机数）和randomSeed（随机数种子函数，用于初始化随机数生成器），为需要随机性的数据提供支持。串口通信函数如Serial.begin、Serial.print等，允许Arduino与电脑或其他串口设备进行数据传输，便于调试和数据交换。中断函数如attachInterrupt（Arduino函数，用于配置外部中断）和detachInterrupt（Arduino函数，用于禁用指定的中断），用于处理外部事件的快速响应。其他常用函数还包括pinMode——用于设置引脚模式、shiftOut和shiftIn（用于移位操作），以及tone（Arduino函数，用于在指定引脚上生成特定频率的方波信号）和notone（Arduino函数，用于停止在指定引脚上生成的方波信号）（用于生成音频信号）等。

这些基本函数不仅简化了硬件操作，还使开发者能够专注于实现更复杂和创新的项目，提升了Arduino的应用灵活性和开发效率。通过合理使用这些函数，开发者可以轻松地与各种传感器、执行器和其他外围设备进行交互，从而实现智能家居、机器人控制、环境监测等多种应用。

2.5.1 数字模拟输入或输出

数字模拟输入或输出函数是与外部设备交互的基本工具。通过 pinMode 设置引脚模式，使用 digitalWrite 和 digitalRead 控制和读取数字引脚的状态，通过 analogRead 和 analogWrite 处理模拟信号。这些函数广泛应用于传感器读取、LED控制、按钮输入等场景。

数字输入或输出（Digital I/O）是Arduino与外部世界交互的主要方式之一。通过配置引脚的模式和读写引脚的电平状态，可以控制连接到Arduino的各种设备，如LED、按钮、继电器等。

（1）pinMode(pin, mode)。

pinMode(pin, mode)函数用于配置指定引脚的模式，可以设置为输入模式（INPUT）、输出模式（OUTPUT）或带上拉电阻的输入模式（INPUT_

PULLUP）。参数含义如下。

　　pin：引脚号，例如 0~13 或 A0~A5（在某些板子上）。

　　mode：引脚模式，可以是 INPUT、OUTPUT 或 INPUT_PULLUP。

```
pinMode(13, OUTPUT);  // 将引脚 13 设置为输出模式
```

　　（2）digitalWrite(pin, value)。

　　digitalWrite(pin, value) 函数用于设置指定引脚的电平状态。对于配置为输出模式的引脚，可以通过这个函数将其设置为高电平（HIGH）或低电平（LOW）。参数含义如下。

　　pin：引脚号。

　　value：电平状态，可以是 HIGH 或 LOW。

```
digitalWrite(13, HIGH);  // 将引脚 13 设置为高电平
```

　　（3）digitalRead(pin)。

　　digitalRead(pin) 函数用于读取指定引脚的电平状态。对于被配置为输入模式的引脚，可以通过这个函数获取其当前状态，比如是高电平（HIGH）还是低电平（LOW）。参数含义如下。

　　pin：引脚号。

　　返回值：电平状态，HIGH 或 LOW。

```
int buttonState = digitalRead(7);  // 读取引脚 7 的电平状态
```

　　模拟输入/输出（Analog I/O）在处理传感器数据和产生模拟信号方面非常重要。通过读取模拟信号和输出PWM信号，可以实现对各种模拟设备的控制。

　　（4）analogRead(pin)。

　　analogRead(pin) 函数用于读取指定模拟引脚的电压值。模拟引脚通常被标记为 A0, A1, A2 等，通过该函数可以读取这些引脚的电压，并返回一个 0 到 1023 的整数值，代表从 0 伏到 5 伏的电压范围（假设使用的是标准Arduino板）。参数含义如下。

　　pin：模拟引脚号（A0, A1, ...）。

　　返回值：0到1023的整数，表示引脚上的电压值。

```
int sensorValue = analogRead(A0);  // 读取 A0 引脚的模拟电压值
```

（5）analogWrite(pin, value)。

analogWrite(pin, value) 函数用于设置指定引脚的模拟输出值，实际上是通过脉宽调制（PWM）技术来实现模拟输出的。在支持PWM的引脚上，该函数可以输出0到255之间的值，对应0%到100%的占空比。参数含义如下。

pin：引脚号。

value：0到255的整数，表示PWM信号的占空比。

（6）控制LED亮度。

通过PWM输出，可以实现对LED亮度的控制。以下示例通过逐渐改变PWM信号的占空比，使LED亮度平滑变化（图2-59）。

```
int ledPin = 9;        // 连接LED的引脚
int brightness = 0;    // LED亮度
int fadeAmount = 5;    // 每次改变的亮度值

void setup() {
  pinMode(ledPin, OUTPUT);
}

void loop() {
  analogWrite(ledPin, brightness);  // 设置LED亮度
  brightness += fadeAmount;         // 增加或减少亮度

  // 反转亮度变化方向
  if (brightness <= 0 || brightness >= 255) {
    fadeAmount = -fadeAmount;
  }

  delay(30);    // 延时30毫秒
}
```

图 2-59　控制 LED 亮度

（7）读取温度传感器数据。

通过模拟输入，可以读取温度传感器的数据，并将其转换为实际温度值进行显示（图2-60）。

Arduino的数字和模拟I/O函数为用户提供了强大且灵活的接口，用户可以方便地与各种传感器和执行器进行交互。数字I/O函数主要用于控制和读取二进制状态的设备，如按钮和LED。模拟I/O函数则用于读取模拟传感器的数据，并通过PWM输出模拟信号来控制设备。熟练掌握这些基本函数是Arduino编程的基础，通过不断地练习和实际应用，用户可以开发出功能强大且丰富的硬件项目。

```
int sensorPin = A0;      // 连接温度传感器的引脚
int sensorValue = 0;     // 传感器读取值
float voltage = 0;       // 电压值
float temperature = 0;   // 温度值

void setup() {
  Serial.begin(9600);    // 初始化串口通信
}

void loop() {
  sensorValue = analogRead(sensorPin);        // 读取传感器值
  voltage = sensorValue * (5.0 / 1023.0);     // 将传感器值转换为电压
  temperature = (voltage - 0.5) * 100;        // 将电压转换为温度

  Serial.print("Temperature: ");
  Serial.print(temperature);
  Serial.println(" C");

  delay(1000);   // 延时1秒
}
```

图 2-60　读取温度传感器数据

2.5.2　时间函数

Arduino中的时间函数主要用于处理延时、计时和事件触发等。常用的时间函数包括 delay()、millis()、micros()（Arduino函数，返回自程序启动以来的微秒数）和 delayMicroseconds()（Arduino函数，用于暂停程序的执行指定的微秒数）。下面详细介绍这些函数及其使用方法。

（1）delay()函数。

delay()函数用于产生一个指定毫秒数的延时。它会暂停程序的执行，直到延时结束。

用法：void delay(unsigned long ms);。

参数：以毫秒（ms）为单位。

返回值：无。

delay()函数应用示例如图2-61所示。该示例程序每秒闪烁一次板载LED。

```
void setup() {
  pinMode(LED_BUILTIN, OUTPUT);
}

void loop() {
  digitalWrite(LED_BUILTIN, HIGH);   // 打开LED
  delay(1000);                       // 延时1秒
  digitalWrite(LED_BUILTIN, LOW);    // 关闭LED
  delay(1000);                       // 延时1秒
}
```

图 2-61　delay() 函数应用示例

(2) millis()函数。

millis()函数用于返回自Arduino板启动以来的毫秒数。这个函数非常有用,因为它不阻塞程序的执行,可以用来测量时间间隔。

用法:unsigned long millis();。

返回值:自程序开始运行以来的毫秒数。

millis() 函数应用示例如图2-62所示。

这个示例程序使用 millis() 函数实现每秒闪烁一次LED,而不会阻塞其他代码的执行。

```
unsigned long previousMillis = 0;
const long interval = 1000;

void setup() {
  pinMode(LED_BUILTIN, OUTPUT);
}

void loop() {
  unsigned long currentMillis = millis();

  if (currentMillis - previousMillis >= interval) {
    previousMillis = currentMillis;
    digitalWrite(LED_BUILTIN, !digitalRead(LED_BUILTIN));
  }
}
```

图 2-62　millis() 函数应用示例

(3) micros()函数。

micros() 函数用于返回自Arduino板启动以来的微秒数。它的精度比 millis() 高,用于需要更高时间精度的场合。

用法:unsigned long micros();。

返回值:自程序开始运行以来的微秒数。

(4) delayMicroseconds()函数。

delayMicroseconds() 函数用于产生一个指定微秒数的延时。

用法:void delayMicroseconds(unsigned int us);。

参数:以微秒(μs)为单位。

返回值:无。

delayMicroseconds() 函数应用示例如图2-63所示。这个程序以每毫秒1次的频率闪烁LED。

```
void setup() {
  pinMode(LED_BUILTIN, OUTPUT);
}

void loop() {
  digitalWrite(LED_BUILTIN, HIGH);
  delayMicroseconds(500); // 延时500微秒
  digitalWrite(LED_BUILTIN, LOW);
  delayMicroseconds(500); // 延时500微秒
}
```

图 2-63　delayMicroseconds() 函数应用示例

（5）注意事项。

① 溢出问题：millis() 函数和 micros() 函数在计数达到最大值后会溢出［millis()约49天，micros() 约70分钟］，编写代码时要考虑这一点。

② 阻塞问题：delay() 函数和 delayMicroseconds()函数会暂停程序的执行，因此在需要同时处理多个任务时应避免使用。

③ 精度限制：delayMicroseconds()函数的精度在较短的时间内准确，但具体精度可能受到处理器速度的影响。

（6）高级用法。

对于更复杂的时间管理，可以使用定时器中断或引入外部库，实现多任务处理或更复杂的计时功能。

在开发过程中，应根据项目需求选择合适的时间函数。对于简单的延时任务，delay() 函数和 delayMicroseconds()函数是直接有效的选择。然而，在需要并行处理多个任务或实时响应事件时，millis() 函数和 micros()函数更合适，因为它们允许程序在计时的同时继续执行其他操作。

millis() 函数和 micros() 函数会在计数达到最大值后发生溢出。开发者应设计程序以应对这种情况，通常可以用计算时间差来避免溢出带来的影响。正确处理溢出问题，能确保程序的长期稳定运行。

为了实现高效的时间管理，开发者可以采用多种策略，具体如下。

① 状态机：将任务分解为不同的状态，通过时间条件或事件触发状态转换。这种方法可以有效地组织复杂的逻辑，而不依赖阻塞延时。

② 事件驱动编程：利用中断或其他事件触发机制，在特定的条件下执行任务，而不是依赖循环轮询。这种方法减少了CPU资源的浪费，提高了系统响应速度。

③ 外部库支持：使用如Timer（时间控制工具，包括倒计时、周期性执行、延迟执行等）库等外部工具，可以简化定时任务管理，并提供更高级的功能和接口，从而提高开发效率。

对于需要精确时间控制的应用，定时器中断是解决方案之一。通过定时器中断，可以在不影响主程序执行的情况下，周期性执行特定任务。虽然设置较为复杂，但它提供了更高的灵活性和精度，使得处理复杂的时间管理任务成为可能。

Arduino的时间函数是项目时间管理的基础。然而，开发者需要根据具体需求选择合适的函数，谨慎处理阻塞问题和溢出情况，并结合使用状态机、事件驱动和外部库等技术，实现高效的时间管理和复杂的任务调度。这样不仅能提升项目的执行效率，还能增强系统的稳定性，提高系统的响应能力。

2.5.3 随机函数

Arduino中的随机函数主要包括 random() 和 randomSeed()，用于生成伪随机数。这些函数在生成随机事件、模拟数据或创建不可预测行为时非常有用。下面对这些函数进行详细讲解，并提供具体代码示例。

（1）random() 函数。

random() 函数用于生成伪随机数。用户可以通过不同的参数调用来获取不同范围的随机数（图2-64）。

```
void setup() {
  Serial.begin(9600);
}

void loop() {
  long randNumber;

  // 生成0到299之间的随机整数
  randNumber = random(300);
  Serial.print("Random number between 0 and 299: ");
  Serial.println(randNumber);

  // 生成50到99之间的随机整数
  randNumber = random(50, 100);
  Serial.print("Random number between 50 and 99: ");
  Serial.println(randNumber);

  delay(1000); // 延时1秒
}
```

图 2-64　random() 函数示例

用法如下。

random(max)：生成0到max-1之间的随机整数。

random(min, max)：生成min到max-1之间的随机整数。

这两个用法都返回一个长整型数值。

（2）randomSeed() 函数。

randomSeed() 函数用于设置伪随机数生成器的种子。当没有初始化种子时，Arduino默认使用固定值，这意味着每次重启都会产生相同的随机序列（图2-65）。

用法如下。

randomSeed(seed)：使用seed初始化随机数生成器。

```
void setup() {
  Serial.begin(9600);

  // 从未连接的模拟引脚读取随机种子
  int seed = analogRead(0);
  randomSeed(seed);
}

void loop() {
  long randNumber = random(100); // 生成0到99之间的随机整数
  Serial.println(randNumber);
  delay(1000); // 延时1秒
}
```

图 2-65　randomSeed() 函数示例

（3）随机函数应用实例。

① 模拟随机事件：在游戏中生成随机敌人位置或随机奖励。

② 模拟数据：生成测试数据，用传感器读数。

③ 随机延时：在不同的时间间隔执行任务，增加不可预测性。

下面对随机函数的应用实践提供几点建议。

① 种子选择：使用 analogRead() 从未接传感器的引脚获取随机噪声，作为种子初始化。这通常是生成变化种子的好方法。

② 注意范围：确保 random() 的参数正确，以避免超出预期范围。

③ 测试和调试：利用固定种子在调试时重现随机序列。

对于更复杂的随机需求，用户可以结合使用其他数学函数或算法，使得生成的随机数更符合特定分布（如正态分布）。

虽然 random()生成的是整数，但可以通过缩放和偏移生成浮点数（图2-66）。

```
void setup() {
  Serial.begin(9600);
}

void loop() {
  float randFloat;

  // 生成0.0到1.0之间的随机浮点数
  randFloat = random(1000) / 1000.0;
  Serial.print("Random float between 0.0 and 1.0: ");
  Serial.println(randFloat);

  delay(1000); // 延时1秒
}
```

图 2-66　随机函数

（4）随机函数代码优化。

在使用随机函数时，注意以下几点可以优化代码。

① 减少不必要的种子初始化：在需要时才重新设置种子，减少不必要的计算。

② 尽量简化范围计算：直接使用常量或已知变量作为范围参数。

Arduino的随机函数为多种应用提供了基础支持。通过合理设置种子和选择合适的范围，可以生成高质量的伪随机数，满足各种应用需求。从简单的随机事件模拟到复杂的随机数据生成，random() 和 randomSeed() 都是强大的工具。理解并有效使用这些函数可以显著增强项目的随机性和不可预测性，进而提高应用的丰富性和趣味性。

2.5.4　串口通信函数

Arduino中的串口通信函数用于在Arduino板与其他设备（如计算机、传感器、其他微控制器）之间进行数据传输。串口通信是串行传输的一种方式，常用于调试和数据交换。下面详细介绍这些函数及其用法，并提供具体代码示例。

（1）串口通信基础。

Arduino的串口通信通过UART接口实现。大多数Arduino板（如Uno、Mega）都有一个或多个硬件串口。

（2）常用函数。

① Serial.begin()：用于初始化串口通信，并设定波特率（每秒传输的比特数）。用法如下。

```
Serial.begin(9600);
```

参数：波特率（常用值有9600、14400、19200、38400、57600、115200等）。

作用：打开串口并设置通信速率。

② Serial.print() 和 Serial.println()：用于向串口发送数据。用法如下。

```
Serial.print("Hello, world!");
Serial.println("Hello, world!");
```

区别：Serial.print() 不换行，Serial.println() 会在数据末尾附加换行符。

③ Serial.read()：用于读取串口接收到的字节数据。用法如下。

```
int data = Serial.read();
```

返回值：返回读取的字节（0到255），若无数据可读则返回-1。

④ Serial.available()：用于检查串口缓冲区中是否有可读取的数据。用法如下。

```
if (Serial.available() > 0) {
// 有数据可读
}
```

返回值：缓冲区中的字节数。

⑤ Serial.write()：用于发送二进制数据或字符到串口。用法如下。

```
Serial.write(65); // 发送字符 'A'
```

参数：可以是单个字节或字节数组。

图2-67是一个简单的Arduino串口通信示例，展示如何发送和接收数据。

（3）高级串口通信——多个串口。

一些Arduino板（如Mega 2560）具有多个串口（Serial1、Serial2、Serial3），可以同时与多个设备通信。

```
void setup() {
  // 初始化串口通信,波特率9600
  Serial.begin(9600);
}

void loop() {
  // 如果有串口数据可读
  if (Serial.available() > 0) {
    // 读取数据
    char receivedChar = Serial.read();

    // 打印接收到的数据
    Serial.print("Received: ");
    Serial.println(receivedChar);

    // 回显数据
    Serial.write(receivedChar);
  }

  // 发送字符串到串口
  Serial.println("Hello from Arduino!");

  // 延时1秒
  delay(1000);
}
```

图 2-67　串口通信示例

（4）串口事件。

使用 SerialEvent() 函数可以处理异步串口事件，类似于中断机制。

在复杂的应用中，可以设计自定义通信协议，实现数据包传输、校验和错误处理。

注意事项如下。

① 波特率匹配：确保Arduino和通信设备使用相同的波特率。

② 缓冲区限制：串口缓冲区有限，需要避免数据溢出。

③ 同步问题：在实时应用中，需要处理数据同步和延迟。

（5）调试与测试。

串口通信是Arduino调试的重要工具。通过与计算机上的串口监视器或终端软件配合，可以实时查看Arduino的输出和输入，帮助开发者快速定位问题。

Arduino的串口通信函数为设备间的数据交换提供了便捷的接口。通过这些函数，可以实现从简单的数据传输到复杂的通信协议。理解并灵活应用这些功能，是Arduino开发的关键技能。通过不断实践和优化，可以提升项目的通信效率和可靠性。

2.5.5 中断函数

Arduino中断函数是一种强大的工具，用于处理异步事件，使得Arduino能够响应外部或内部触发事件，而无须不停地轮询状态。中断可以提高系统的响应速度和效率，尤其是在实时应用中非常有用。

中断是一种信号，通知处理器立即停止当前的执行流，转而执行特定的代码中断服务程序（Interrupt Service Routine，简称ISR，当中断发生时执行的代码）。在处理完中断后，程序恢复执行。

Arduino支持以下两种中断类型。

- 外部中断：由外部事件触发，如按钮按下。
- 定时器中断：由Arduino内部定时器触发，用于实现周期性任务。

（1）外部中断函数。

① Arduino提供了attachInterrupt() 函数来配置外部中断。attachInterrupt() 函数的用法如下。

```
attachInterrupt(digitalPinToInterrupt(pin), ISR, mode);
```

参数含义如下。

- digitalPinToInterrupt(pin)：将引脚号转换为中断号。
- ISR：中断服务程序，即在中断发生时调用的函数。
- mode：中断触发模式，常用值包括以下4个。

```
LOW：低电平触发。
CHANGE：电平变化触发。
RISING：上升沿触发。
FALLING：下降沿触发。
```

② detachInterrupt() 函数用于禁用指定的中断。
用法如下。

- detachInterrupt[digitalPinToInterrupt(pin)]。

图2-68的代码示例展示了如何使用外部中断来改变LED的状态。

（2）定时器中断函数。

定时器中断用于定期执行任务。Arduino Uno有3个定时器：Timer0、Timer1和Timer2。

```
const int buttonPin = 2;//外部中断引脚
const int ledPin = 13;//LED引脚
volatile bool ledState = false; //使用volatile关键字

void setup() {
  // put your setup code here, to run once:
  pinMode(buttonpin, INPUT_PULLUP);//设置按钮引脚为输入并启用上拉电阻
  pinMode(ledPin, OUPPUT);//设置LDE引脚为输出
  attachInterrupt(digitalPinToInterrupt(buttonPin), toggleLED, FALLING);
}

void loop() {
  // put your main code here, to run repeatedly:
  digitalWrite(ledPin, ledState);//根据中断改变LED状态
}

void toggleLED({
  ledState = !ledState; //切换LED状态
}
```

图2-68 外部中断

定时器中断的设置比较复杂，需要直接操作定时器寄存器。

注意事项如下。

① ISR限制：中断服务程序应尽可能短小，避免使用延时函数［如delay()］和串口通信。

② 变量修饰：在ISR中使用的变量应声明为volatile（C/C++中的关键字，用于声明变量可能在程序执行过程中被意外修改，通常用于中断服务程序中的变量），以防止编译器优化错误。

③ 中断优先级：外部中断优先于定时器中断。

④ 中断嵌套：Arduino不支持中断嵌套，ISR执行期间不会响应其他中断。

中断是Arduino处理异步事件的关键工具。通过合理设置外部和定时器中断，可以显著提高系统的响应速度和效率。掌握中断函数的使用，有助于开发出更加灵活和实时的应用。

2.5.6 其他函数

Arduino中的tone()和notone()函数用于生成和停止方波信号，常用于控制蜂鸣器来发出声音。

（1）tone()函数。

tone()函数用于在指定引脚上生成方波信号，产生特定频率的声音。

用法如下。

```
tone(pin, frequency);
tone(pin, frequency, duration);
```

参数含义如下。
- pin：输出信号的引脚。
- frequency：方波的频率（单位：赫兹）。
- duration（可选）：声音持续时间（单位：毫秒）。如果省略，声音将持续直到调用 noTone()。

（2）noTone() 函数。

noTone() 函数用于停止在指定引脚上生成的方波信号。

用法如下。

```
noTone(pin);
```

参数含义如下。
- pin：要停止信号的引脚。

图2-69中代码在引脚8上生成1000赫兹的声音，持续1秒，然后停止。

```
const int buzzerPin = 8;

void setup() {
  // 在引脚 8 上生成 1000 Hz 的声音，持续 1 秒
  tone(buzzerPin, 1000, 1000);
}

void loop() {
  // 不需要在 loop 中重复
}
```

图 2-69　示例代码

图2-70的代码使用 tone() 和 noTone()函数播放一个简单的音阶。

注意事项如下。

① 引脚限制：tone() 函数不能在使用 PWM 的引脚上工作。

② 单一引脚：同一时间只能在一个引脚上生成声音；如果尝试在另一个引脚上调用 tone()，则之前的会被覆盖。

③ 非阻塞：tone() 是非阻塞的，程序在调用后该函数会继续执行其他任务。

```
const int buzzerPin = 8;

void setup() {
  int melody[] = {262, 294, 330, 349, 392, 440, 494, 523}; // C4 - C5 音阶
  int noteDuration = 500; // 每个音符持续时间

  for (int i = 0; i < 8; i++) {
    tone(buzzerPin, melody[i], noteDuration);
    delay(noteDuration + 50); // 增加间隔时间
  }

  noTone(buzzerPin); // 停止声音
}

void loop() {
  // 不需要在 loop 中重复
}
```

图 2-70　连续播放不同频率

应用场景如下。

① 警报系统：用于发出警告声音。

② 音乐播放：简单的音调和音乐生成。

③ 用户反馈：通过声音提示用户操作结果。

通过理解和使用 tone() 和 noTone() 函数，可以轻松地在 Arduino 项目中添加声音功能，提升用户体验。

（3）EEPROM 基础。

EEPROM（Electrically Erasable Programmable Read-Only Memory）是一种非易失性存储器，可以在设备掉电后保留数据。

① EEPROM.read()：用于从 EEPROM 的指定地址读取一个字节的数据。用法如下。

```
byte value = EEPROM.read(address);
```

参数含义如下。

- address：要读取的地址（0 到 EEPROM 存储单元的字节数量 -1）。

② EEPROM.write()：用于向 EEPROM 的指定地址写入一个字节的数据。用法如下。

```
EEPROM.write(address, value);
```

参数含义如下。
- address：要写入的地址。
- value：要写入的字节数据。

③ EEPROM.update()：用于仅在数据变化时写入，避免不必要的操作，延长 EEPROM 寿命。用法如下。

```
EEPROM.update(address, value);
```

④ EEPROM.put()：用于写入任意数据类型到 EEPROM。用法如下。

```
EEPROM.put(address, data);
```

⑤ EEPROM.get()：用于从 EEPROM 读取任意数据类型。用法如下。

```
EEPROM.get(address, data);
```

图2-71展示了如何读取和写入 EEPROM。

```
#include <EEPROM.h>

void setup() {
  Serial.begin(9600);

  // 写入数据到地址 0
  EEPROM.write(0, 123);

  // 读取地址 0 的数据
  byte value = EEPROM.read(0);
  Serial.print("Stored value: ");
  Serial.println(value);
}

void loop() {
  // 不需要在 loop 中执行
}
```

图 2-71 读取和写入 EEPROM

注意事项如下。

① 写入次数限制：EEPROM 写入次数有限（通常为100000次），使用 EEPROM.update() 可以减少写入。

② 数据类型：EEPROM.get() 和 EEPROM.put() 支持读取和写入复杂的数据类型。

③ 通过理解这些函数，可以在 Arduino 项目中有效地使用 EEPROM 存储数据，确保数据的持久性。

第 3 章
硬件基础

3.1 EUNO 主板控制 LED

Arduino是一种开放源代码的电子原型平台,具有简单易用的硬件和软件。通过学习Arduino,用户可以掌握基本的电子电路知识和编程技能。

实战项目1　点亮1个LED

下面将详细讲解如何使用Arduino控制板点亮一个LED灯,让大家逐步理解电子电路的基础原理和编程技巧。

需要准备以下材料:Arduino控制板、一个LED灯、一个1kΩ电阻、若干连接线。

在进行实验之前,首先介绍电路连接的原理。LED灯的正极通过1kΩ电阻连接至Arduino控制板的数字引脚13,负极接地。当Arduino控制板的数字引脚13输出高电平时,LED灯熄灭;当输出低电平时,LED灯点亮。这是因为LED灯的导通与否取决于通过它的电流,当引脚13为低电平时,形成回路,电流通过LED灯将其点亮;当引脚13为高电平时,电路不通,LED灯熄灭。

在Arduino集成开发环境(IDE)中,按以下步骤编写程序。

首先,打开Arduino软件并创建一个新项目。在项目中,需要定义使用的引脚及其电平状态。这里选择引脚13作为LED灯的控制引脚,并通过宏定义区分高电平和低电平。高电平用于关闭LED灯,低电平用于点亮LED灯。

在Arduino软件中编写的程序如图3-1所示。

```
#define LED_PIN 13 //宏定义LED引脚,便于识纪
#define OFF_LED HIGH //宏定义高电平时为关闭LED灯
#define ON_LED LOW //宏定义低电平时为打开LED灯
#define DELAY_MS 300 //LED闪烁间隔时间

void ledFlash(void){
  digitalWrite(LED_PIN, ON_LED);//打开LED灯
  delay(DELAY_MS);//延时
  digitalWrite(LED_PIN, OFF_LED);//关闭LED灯
  delay(DELAY_MS);
}

void setup() {//初始化函数
  pinMode(LED_PIN, OUTPUT);//初始化LED为输出模式
}

void loop() {
  // put your main code here, to run repeatedly:

}
```

图 3-1　点亮 1 个 LED 的程序代码

根据电路原理图（图3-2），将LED灯的一侧连接到3.3伏电源，另一侧通过一个1kΩ电阻接到Arduino的引脚13。当引脚13为低电平时，电路导通，LED灯点亮；当引脚13为高电平时，电路不导通，LED灯熄灭。

该程序在setup()函数中设置引脚13为输出模式。在loop()函数中，通过digitalWrite()函数控制引脚电平状态，并使用delay()函数实现LED灯的闪烁效果。

将编写好的程序上传（图3-3）到Arduino控制板。在上传之前，需要确保Arduino板已正确连接到计算机，并安装了相关驱动程序。打开Arduino软件的"工具"菜单，选择端口号（图3-4）和正确的板型（图3-5）。然后，单击上传按钮，等待程序上传完成。

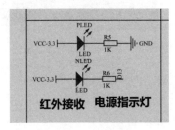

图 3-2　电路原理图

图 3-3　程序上传

程序上传成功后，LED灯将按照设定的频率闪烁。用户可以通过修改delay()函数中的时间参数来改变LED灯的闪烁频率。例如，将延迟时间改为1000毫秒，可以使LED灯每秒闪烁一次。

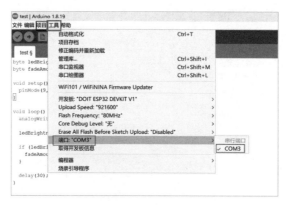

图 3-4　选择端口

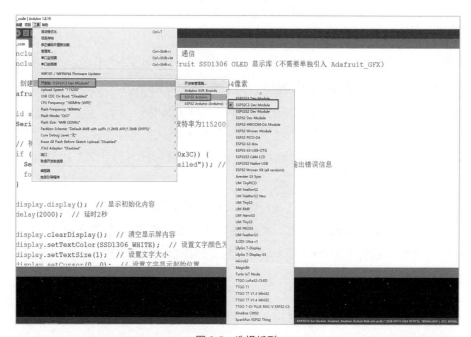

图 3-5　选择板型

然而，delay()函数虽然简单易用，但它会阻塞程序的执行，降低系统的实时性。在更复杂的项目中，长时间的延迟可能导致系统性能下降，影响其他功能的正常运行。为了解决这一问题，可以使用时间中断的方法或状态机来实现更精确的控制，从而提高系统的效率和响应速度。

通过以上步骤，即可成功实现使用Arduino控制板点亮和闪烁LED灯的基本操作（图3-6）。该程序通过millis()函数记录当前时间，实现非阻塞延时，从而提高系统的实时性和响应速度。

图 3-6　实物展示

以上案例不仅是Arduino入门的经典示例，也是理解电子电路和编程基础的重要一环。在进一步的学习中，可以尝试扩展Arduino的应用，通过串口通信、传感器输入等方式，实现更多功能和应用场景。例如，可以使用温度传感器检测环境温度，并根据温度变化控制LED灯的亮灭；或者通过无线模块实现远程控制，进一步提升系统的功能性和实用性。

掌握这些基础知识，将为深入学习电子电路和嵌入式系统编程提供坚实的理论和实践基础。

3.2　EUNO 主板控制预警

在电子设备的应用过程中，电压的监测与管理尤为重要。电压过低可能导致设备无法正常工作，甚至损坏电池。

实战项目2　电压检测及报警

本实战项目将介绍如何利用Arduino控制板实现电压检测及低压报警功能（图3-7），以确保设备在安全电压范围内运行（图3-8）。

```
#define BEEP_PIN 12
#define VOLTAGE_THRESHOLD 7  //电压阀值,测量值低于实际值0.3V-------二极管压降导致
void handleVoltage(){
  if ((analogRead(A7)/(1024.0) * 5 * 4 + 0.3 ) < VOLTAGE_THRESHOLD) {
    digitalWrite(BEEP_PIN, LOW);
    delay(500);
    digitalWrite(BEEP_PIN, HIGH);
    delay(500);
    Serial.println((analogRead(A7)/(1024.0) * 5 * 4 + 0.3 ));//打印实际电压值
    //计算方法：采集值/总里程*参考电压值*四分之一分压值+压降
  }
}
```

图 3-7 电压检测及低压报警功能

```
void handleVoltage(){
  if ((analogRead(A7)/(1024.0) * 5 * 4 + 0.3 ) < VOLTAGE_THRESHOLD) {
    digitalWrite(BEEP_PIN, LOW);
    delay(500);
    digitalWrite(BEEP_PIN, HIGH);
    delay(500);
    Serial.println((analogRead(A7)/(1024.0) * 5 * 4 + 0.3 ));//打印实际电压值
    //计算方法：采集值/总里程*参考电压值*四分之一分压值+压降
  }
}
```

图 3-8 电压处理函数

首先，根据电路原理图，将蜂鸣器的一侧连接5伏电源，另一侧通过引脚12接Arduino控制板。由于蜂鸣器的电流需求较大，因此将正极直接连接5伏电源，负极连接控制引脚。当控制引脚为低电平时，蜂鸣器导通并发声；当控制引脚为高电平时，蜂鸣器不发声。

电压检测电路通过两个电阻实现电压分压。输入电压经过30kΩ和10kΩ电阻分压后，接到Arduino的模拟输入引脚。由于Arduino的模拟输入引脚的最大电压为5伏，而实际电源电压为6~12伏，因此通过分压使输入电压降至0~5伏的范围，分压后的电压为总电压的1/4。

在Arduino软件中编写以下程序，以实现电压检测和低压报警功能：该程序首先定义蜂鸣器引脚和电压阈值。在setup()函数中，将蜂鸣器引脚设置为输出模式，并默认设为高电平。在loop()函数中，读取模拟引脚的电压值，计算实际电压，并根据电压值控制蜂鸣器的状态（图3-9）。

```
void setup() {
    //put your setup code here, to run once:
    pinMode(BEEP_PIN,OUTPUT);
    digitalWrite(BEEP_PIN, HIGH);
    Serial.begin(115200);
}
```

图 3-9 蜂鸣器处理函数

将程序上传到Arduino控制板后，观察蜂鸣器的工作情况。当电压低于设定阈值时，蜂鸣器发出间歇报警声；当电压高于阈值时，蜂鸣器停止报警。通过串口监视器，可以实时查看当前电压值，验证电压监测功能的准确性。

在实际应用中，可以根据需要调整电压阈值，以适应不同设备的要求。通过这种方式，可以有效地保护电池，延长其使用寿命，确保设备在安全电压范围内运行。

通过以上步骤，即可成功实现使用Arduino控制板进行电压检测及低压报警的功能。掌握这一技术，不仅可以提高电子设备的可靠性，还能为进一步开发复杂的电源管理系统提供坚实的基础。

3.3　EUNO 主板控制运动

实战项目3　单个舵机控制

在本实战项目中，将介绍如何使用 Arduino 控制一个舵机。通过学习如何控制舵机，不仅可以加深对 Arduino 平台的理解，还能掌握基本的电子控制技术。

舵机是一种位置伺服驱动器，通过接收 PWM 信号来控制转动角度。舵机的控制原理实际上是一个脉冲控制（脉冲频率为50赫兹），它的有效脉冲宽度通常在500～2500微秒。通过改变 PWM 信号的脉冲宽度，可以精确控制舵机的转动角度。例如，一个标准的 180 度舵机，PWM 信号的 500 微秒对应 0 度，2500 微秒对应 180 度。

在 Arduino 项目中，舵机通常连接到数字引脚上。舵机通常有3根线：电源线（一般为红色）、地线（一般为黑色或棕色）及信号线（一般为黄色或橙色）。在本实战项目中，将舵机的信号线连接到 Arduino 的数字引脚 10，将电源线连接到 5 伏引脚，将地线连接到 GND 引脚（Ground Pin，电子电路中的参考零电位点，为电流提供回流路径，是所有电压测量的基准）。

使用 Arduino 控制舵机需要包含 Servo 库，该库提供了对舵机的控制函数（图3-10）。在 Arduino IDE 中，可以通过以下步骤编写程序来控制舵机。

（1）导入 Servo 库。

（2）创建一个 Servo 对象。

（3）在 setup() 函数中将 Servo 对象连接到指定的数字引脚。

（4）在 loop 函数中，通过调用 Servo 对象的 write 方法来设置舵机的角度。

```
相关函数：
1. Servo 类成员函数
  attach()                设定舵机的接口，只有9或10接口可利用
  write()                 用于设定舵机旋转角度的语句，可设定的角度范围是0度到180度
  writeMicroseconds()     用于设定舵机 PWM 的语句，直接用微秒作为参数
  read()                  用于读取舵机角度的语句，可理解为读取最后一条 write()命令中的值
  attached()              判断舵机参数是否已发送到舵机所在接口
  detach()                使舵机与其接口分离，该接口（9或10）可继续被用作 PWM 接口
```

图 3-10 Servo 库

图3-11是一个简单的示例代码。

```cpp
#include <Servo.h>                      // 声明调用Servo.h库
Servo myservo;                          //创建一个舵机类
#define   SERVO_PIN   10                //宏定义舵机控制引脚
unsigned int PWM = 0;                   //变量pwm用来存储舵机角度位置，PWM的500对应0度，2500对应舵机的最大角度
                                        // （180度舵机2500对应180度，270度舵机2500对应270度）
void singleServoControl(){
    for(PWM = 50; PWM <2450; PWM += 5){ //舵机从50状态转到2450，每次增加5
        myservo.writeMicroseconds(PWM); //给舵机写入PWM
        delay(10);                      //延时10ms让舵机转到指定位置
    }
    for(PWM = 2450; PWM>50; PWM-=5){
        myservo.writeMicroseconds(PWM);
        delay(10);
    }
}
void setup(){
    //put your setup code here, to run once:
    myservo.attach(SERVO_PIN);   // 将10引脚与声明的舵机对象连接起来
}
void loop(){
    //put your main code here, to run repeatedly:
    singleServoControl();
}
```

图 3-11 示例代码

在上述代码中，舵机会在 0 度到 180 度来回转动。Servo 类的 attach 方法用于将舵机连接到指定的引脚，write 方法用于设置舵机的位置（角度），delay() 函数用于在设置每个位置后暂停一段时间，以确保舵机有足够的时间转动到新的位置（图3-12）。

舵机控制可以遵循以下步骤。

（1）硬件连接。按照上述硬件连接方式，将舵机连接到 Arduino 板上。

（2）软件编写。打开 Arduino IDE，将示例代码复制、粘贴到代码窗口中。

（3）上传程序。将程序上传到 Arduino 板。

（4）观察结果。观察舵机的转动情况，确认舵机能够在 0～180 度来回转动。

```
void singleServoControl() {
    for (PWM = 500; PWM < 2450; PWM += 5) {   // 舵机从500位置转到2450，每次增加5
        myservo.writeMicroseconds(PWM);        // 给舵机写入PWM信号
        delay(10);                             // 延时10ms，让舵机转到指定位置
    }
    for (PWM = 2450; PWM > 500; PWM -= 5) {   // 舵机从2450位置转到500，每次减少5
        myservo.writeMicroseconds(PWM);        // 给舵机写入PWM信号
        delay(10);                             // 延时10ms，让舵机转到指定位置
    }
}
```

图 3-12　与舵机连接的示例代码

在掌握了基本的舵机控制之后，可以尝试更多进阶应用。例如，可以结合传感器，实现对舵机的自动控制。下面的代码是一个结合光电传感器的示例。

```
#include <ESP32Servo.h>// 引入 ESP32Servo 库，用于 ESP32 的舵机控制
Servo myservo;   // 创建一个舵机对象
#define  SERVO_PIN  10   // 定义舵机控制引脚为 10
unsigned int PWM = 0;  // 定义一个变量 PWM，用来存储舵机角度位置
// PWM 的 500 对应 0 度，2500 对应舵机的最大角度
// 例如，对于 180 度舵机，2500 对应 180 度
void singleServoControl() {
    for (PWM = 500; PWM < 2450; PWM += 5) {// 舵机从 500 位置转到 2450，每次增加 5
        myservo.writeMicroseconds(PWM);  // 给舵机写入 PWM 信号
        delay(10);                        // 延时 10 毫秒，让舵机转到指定位置
    }
    for (PWM = 2450; PWM > 500; PWM -= 5) {  // 舵机从 2450 位置转到 500，每次减少 5
        myservo.writeMicroseconds(PWM);  // 给舵机写入 PWM 信号
        delay(10);                        // 延时 10 毫秒，让舵机转到指定位置
    }
}
void setup() {
    // 初始化设置，仅运行一次
    myservo.attach(SERVO_PIN);            // 将舵机对象与引脚 10 连接起来
}
void loop() {
    // 主循环代码，重复运行
    singleServoControl();                 // 调用舵机控制函数，进行舵机控制
}
```

在上述代码中，analogRead()函数用于读取传感器的模拟信号，map()函数用于将传感器值映射到舵机的角度范围。

通过对前面内容的学习，相信大家了解了 Arduino 控制舵机的基本原理和方

法。舵机控制是很多实现Arduino项目的基础，通过掌握舵机控制的方法，可以实现更多复杂的机器人和自动化系统。在实际应用中，还可以结合其他传感器和控制器，进一步扩展舵机的功能，实现更加智能和多样化的项目。

实战项目4　多个舵机控制

在Arduino的应用中，舵机控制是一个常见且重要的功能。通过对多个舵机的控制，可以实现复杂的机械动作，从而广泛应用于机器人和自动化系统中。本实战项目将详细介绍如何在Arduino平台上实现多个舵机的控制，包括硬件连接、软件编程及实际操作中的注意事项。

首先，需要将多个舵机连接到Arduino板上。为了防止在连接过程中损坏舵机，建议在断电状态下进行连接。每个舵机通常有3根线：棕色线接地（GND）、红色线接电源（VCC，电子电路设计中常见的电源正极标识，代表Voltage at the Common Collector或Voltage Common Circuit）、橙色线接信号（PWM）。在连接时，确保每根线对应正确的引脚，以防止错误接线导致舵机损坏。

在连接多个舵机时，可以使用Arduino的多个PWM引脚。例如，Arduino UNO板上有6个PWM引脚（3、5、6、9、10、11），可以用来控制最多6个舵机。连接完成后，可以通过编程实现对每个舵机的独立控制。

在Arduino IDE中，使用Servo库可以方便地控制舵机（图3-13）。首先，需要在程序中包含Servo库。然后为每个舵机创建一个Servo对象，并将它们附加到相应的PWM引脚（图3-14）。接下来可以在loop函数中编写代码来控制每个舵机的角度。

在一些应用中，还需要控制舵机的速度，而不是让它瞬间移动到目标位置。这可以通过逐步改变舵机的角度来实现。在每一步之间加入一个小的延时，从而让舵机缓慢移动到目标位置。使用smoothMove()函数（指一种用于实现平滑过渡动画或渐进式运动控制的算法，通过数学插值或缓动函数）可以实现对任意舵机的平滑移动。例如，将第一个舵机缓慢移动到180度。

在某些情况下，需要同时控制多个舵机的运动，此时可以通过循环的方式，同时更新多个舵机的角度。

在loop函数中，可以调用syncMove函数来同时控制多个舵机（图3-15）。

```
#include <ESP32Servo.h> //引入ESP32Servo库,用于在ESP32上控制舵机

#define SERVO_NUM 6 //定义舵机数量为6
#define SERVO_SPEED 5 // 定义舵机速度,通过延时控制

Servo myservo[SERVO_NUM]; //创建一个包含6个舵机对象的数组

const byte servo_pin[SERVO_NUM] = {10, 25, 26, 32, 33, 27};//定义舵机控制引脚数组

void severalServoControl(){
  for (int PWM = 500; PWM < 2400; PWM += 3){//舵机从500位置转到2400,每次增加3
      myservo[0].writeMicroseconds(PWM);   //给第一个舵机写入PWM信号
      myservo[1].writeMicroseconds(PWM);   //给第二个舵机写入PWM信号
      myservo[2].writeMicroseconds(PWM);   //给第三个舵机写入PWM信号
      myservo[3].writeMicroseconds(PWM);   //给第四个舵机写入PWM信号
      myservo[4].writeMicroseconds(PWM);   //给第五个舵机写入PWM信号
      myservo[5].writeMicroseconds(PWM);   //给第六个舵机写入PWM信号
      delay(SERVO_SPEED);                  //延时一段时间控制舵机速度
  }
  for (int PWM = 2400; PWM > 500; PWM -= 3){//舵机从2400位置转到500,每次减少3
      myservo[0].writeMicroseconds(PWM);   //给第一个舵机写入PWM信号
      myservo[1].writeMicroseconds(PWM);   //给第二个舵机写入PWM信号
      myservo[2].writeMicroseconds(PWM);   //给第三个舵机写入PWM信号
      myservo[3].writeMicroseconds(PWM);   //给第四个舵机写入PWM信号
```

图 3-13 多个舵机的示例代码(1)

```
  for (int PWM = 2400; PWM > 500; PWM -= 3){//舵机从2400位置转到500,每次减少3
      myservo[0].writeMicroseconds(PWM);   //给第一个舵机写入PWM信号
      myservo[1].writeMicroseconds(PWM);   //给第二个舵机写入PWM信号
      myservo[2].writeMicroseconds(PWM);   //给第三个舵机写入PWM信号
      myservo[3].writeMicroseconds(PWM);   //给第四个舵机写入PWM信号
      myservo[4].writeMicroseconds(PWM);   //给第五个舵机写入PWM信号
      myservo[5].writeMicroseconds(PWM);   //给第六个舵机写入PWM信号
      delay(SERVO_SPEED);                  //延时一段时间控制舵机速度
  }
}

void setup() {
  // put your setup code here, to run once:

}

void loop() {
  // put your main code here, to run repeatedly:

}
```

图 3-14 多个舵机的示例代码(2)

```
#include <ESP32Servo.h> //引入ESP32Servo库,用于在ESP32上控制舵机

#define SERVO_NUM 6 //定义舵机数量为6
#define SERVO_SPEED 5 // 定义舵机速度,通过延时控制

Servo myservo[SERVO_NUM]; //创建一个包含6个舵机对象的数组
```

图 3-15 多个舵机的示例代码(3)

在实际操作中，为了确保多个舵机的正常工作，需要注意以下几点。

（1）电源供应。当多个舵机同时运行时，需要提供足够的电流。确保电源能够满足所有舵机的需求，避免因为电源不足导致舵机无法正常工作。

（2）接线检查。在连接舵机时，确保每根线正确接入相应的引脚，特别是在使用多个舵机时，误接线容易导致舵机损坏。

（3）程序调试。在编写控制程序时，建议逐个调试对每个舵机的控制，确保每个舵机都能按预期工作，然后再进行多个舵机的同步控制。

（4）机械限制。在设计机械结构时，需要考虑舵机的转动范围，避免机械部分相互干涉。

通过以上步骤，可以实现对多个舵机的独立控制和同步控制。在Arduino平台上，使用Servo库可以方便地实现对舵机的控制。掌握了这些基本方法后，可以进一步探索更复杂的舵机控制应用，如机器人手臂、多自由度机械臂等。在未来的研究和应用中，如何优化控制算法和提升舵机响应速度将成为一个重要课题。通过不断地实验和优化，人们可以实现更加精确和高效的舵机控制系统。

3.4 EUNO 主板串口通信

实战项目5　硬件串口收发

串口通信是嵌入式系统中广泛应用的一种通信方式，通过串口，人们可以实现设备之间的数据传输。本实战项目将详细介绍实现串口通信的相关函数及其应用，包括波特率设置、数据读取和写入等内容。

在串口通信中，波特率是指每秒传输的比特数。常见的波特率有9600、12500、38400等。在实际应用中，需要根据具体的需求设置合适的波特率，以确保数据传输的稳定性和可靠性。本实战项目采用的波特率是115200。

波特率的设置通过调用Serial.begin函数实现。该函数用于初始化串口并配置通信参数。例如，图3-16中的代码用于初始化串口并将波特率设置为115200。

```
String inString = "";   //声明一个字符串
void setup(){
    //put your setup code here, to run once:
    Serial.begin(115200);
}
```

图 3-16　初始化串口并将波特率设置为 115200

在实际应用中,选择波特率时需要考虑通信双方的硬件能力和数据传输的要求。波特率过高可能导致数据丢失,而过低则会降低通信效率。因此,合理设置波特率是确保通信质量的重要步骤。

在串口通信中,接收数据是一个重要环节。通过检查串口是否有数据可读,决定是否执行数据读取操作。Serial.available函数用于判断串口上是否有可读取的数据。如果有数据可读,它会返回一个大于0的数字,否则返回0。

例如,图3-17的代码用于检查串口是否有可读数据。

```
void loop(){
    //put your main code here, to run repeatedly:
    while (Serial.available() > 0)  {//只要有数据就,就在这个循环里面进行字符的连接
        inString += char(Serial.read());
        delay(2);                      //延时防止乱码
    }
    if (inString.length() > 0) {       //有数据就把数据通过串口打印出来
        Serial.println(inString);
        inString = "";
    }
}
```

图 3-17　Serial.available 函数应用示例

在上述代码中,当Serial.available返回值大于0时,表示有数据可读,此时可以进行数据读取操作。通过这种方式,可以有效避免在没有数据时进行无意义的读取操作,从而提高程序的效率和可靠性。

数据读取是串口通信的核心操作之一。Serial.read函数用于读取串口上的数据,并返回读取的第一个字节。如果没有可读取的字节,它会返回-1。读取的数据会从接收缓冲区中移除,确保每次读取的数据都是最新的。

例如,图3-18中的代码用于从串口读取一个字节的数据,并将其存储在变量data中。

```
void loop(){
    //put your main code here, to run repeatedly:
    while (Serial.available() > 0)  {//只要有数据就,就在这个循环里面进行字符的连接
        inString += char(Serial.read());
        delay(2);                      //延时防止乱码
    }
}
```

图 3-18　Serial.read 函数应用示例

在实际应用中,读取数据后需要进行相应的处理。由于Serial.read函数每次只读取一字节的数据,因此在需要读取多字节数据时,可以通过循环或其他方式逐个读取。例如,图3-19中的代码用于读取一段字符串数据。

```
void loop(){
  //put your main code here, to run repeatedly:
  while (Serial.available() > 0)  {//只要有数据就，就在这个循环里面进行字符的连接
      inString += char(Serial.read());
      delay(2);                         //延时防止乱码
  }
  if (inString.length() > 0) {       //有数据就把数据通过串口打印出来
      Serial.println(inString);
      inString = "";
  }
}
```

图 3-19　读取一段字符串数据

在上述代码中，使用while循环不断读取串口中的数据，并将读取的每个字节添加到字符串receivedData（编程中常见的变量名，通常用于存储从外部设备、网络或传感器接收到的数据）中。通过这种方式，可以读取到完整的字符串数据。

在嵌入式系统中，发送数据同样重要。Serial.print函数用于将数据发送到串口。默认情况下，Serial.print以十进制的形式发送数据。如果需要以其他进制的形式发送数据，可以在函数参数中指定，如图3-20所示。

```
if (inString.length() > 0) {       //有数据就把数据通过串口打印出来
    Serial.println(inString);
    inString = "";
```

图 3-20　Serial.print 函数应用示例

在上述代码中，Serial.print函数用于发送数据并在末尾添加一个换行符。这在需要逐行发送数据时非常有用。

图3-21是一个完整的串口通信示例程序，该程序实现了串口数据的接收和发送。当接收到数据时，程序将读取该数据并将其存储在字符串中，然后发送回串口。

```
String inString = "";  //声明一个字符串

void setup() {
  // put your setup code here, to run once:
  Serial.begin(115200);
}

void loop() {
  // put your main code here, to run repeatedly:
  while (Serial.available() > 0){//只要有数据就在这个循环里面进行字符的连接
      inString += char(Serial.read());
      delay(2);                         //延时防止乱码
  }
  if (inString.length() > 0){//有数据就把数据通过串口打印出来
      Serial.println(inString);
      inString = "";

  }
}
```

图 3-21　串口通信示例程序

字符串定义：String receivedData = ""; 表示存储接收到的数据。

初始化串口：Serial.begin(115200); 表示设置波特率为115200。

数据读取与处理：

- ia if [Serial.available() > 0] 表示检查是否有数据可读。
- char incomingByte = Serial.read(); 表示读取一字节的数据。
- receivedData += incomingByte; 表示将读取的数据添加到字符串中。
- delay(2);表示延时2毫秒，防止读取数据出现乱码。

数据打印与清空：

- ib if (receivedData.length() > 0)表示检查字符串长度是否大于0。
- Serial.println(receivedData);表示将接收到的数据打印到串口监视器。
- receivedData = "";表示清空字符串，准备接收新的数据。

实验操作如下。

① 打开串口监视器：确保串口监视器的波特率为115200。

② 发送数据：在串口监视器中输入数据并发送，例如发送"123"。

③ 查看接收数据：串口监视器会显示发送的数据，例如返回"123"。

在上述操作中，可以看到发送和接收的数据是一致的，这表明程序实现了基本的串口通信功能。通过进一步的扩展和优化，可以实现更多的功能，如数据校验、数据格式转换等。

在实际应用中，串口通信可能会遇到一些问题和挑战。例如，波特率不匹配可能导致数据传输错误，数据缓冲区溢出可能导致数据丢失等。为了解决这些问题，需要采取相应的措施，具体如下。

（1）确保波特率匹配。通信双方的波特率必须一致，否则会导致数据传输错误。

（2）设置合适的缓冲区大小。根据数据传输的要求，设置合适的缓冲区大小，以防止缓冲区溢出。

（3）实现数据校验。在发送和接收数据时，可以添加校验位或校验和，以确保数据的完整性和正确性。

通过合理的设计和优化，可以提高串口通信的可靠性和效率。在嵌入式系统中，串口通信作为一种基本的通信方式，有着广泛的应用和重要的地位。通过合理设置波特率、检查数据可读性、进行数据读取和发送，可以实现设备之间的高效通信。希望通过本实战项目的介绍，读者可以更好地理解和应用串口通信技术。无论是简单的设备间数据传输，还是复杂的系统通信，掌握串口通信的基本原理和操作方法，都是确保系统稳定和高效运行的重要基础。

实战项目6　串口LED灯控制

串口通信在嵌入式系统中有着广泛的应用，从简单的数据传输到复杂的设备控制，其功能和作用都不容忽视。本实战项目将通过一个具体的例子，展示如何利用串口通信实现对LED灯的控制。这不仅是对串口通信基本功能的进一步深入，也是为实现更复杂的设备控制打下基础。

通过串口通信实现对LED灯的控制，即通过串口通信控制LED灯的开关状态。也就是说，当通过串口接收到特定字符（如大写字母"A"或"B"）时，相应地控制LED灯的点亮或熄灭，并在串口监视器中反馈当前LED灯的状态。

在开始编写代码之前，首先需要了解硬件连接及电路图。通常情况下，LED灯的一端被连接到微控制器的GPIO通用输入或输出（General-Purpose Input/Output，简称GPIO，是微控制器或嵌入式系统中可编程控制的数字引脚，功能灵活且无须专用硬件协议）引脚，另一端被连接到地（GND）。在这个实验中，将LED灯连接到GPIO引脚43。通过控制该引脚的电平，可以实现LED灯的点亮（低电平）和熄灭（高电平）。

在嵌入式系统中，初始化设置是程序运行的第一步。在这个实验中，需要进行以下初始化设置（图3-22）。

```
void setup(){                       //初始化
    //put your setup code here, to run once:
    pinMode(LED_PIN,OUTPUT);        //初始化LED引脚为输出模式
    Serial.begin(115200);           //初始化串口波特率为115200
    digitalWrite(LED_PIN,OFF_LED);  //初始状态LED熄灭
}
```

图3-22　初始化设置程序

（1）设置LED引脚模式。将LED灯对应的引脚设置为输出模式。

（2）设置串口波特率。为了确保数据传输的稳定性和可靠性，将串口波特率设置为115200（图3-23）。

```
//put your setup code here, to run once:
pinMode(LED_PIN,OUTPUT);        //初始化LED引脚为输出模式
Serial.begin(115200);           //初始化串口波特率为115200
digitalWrite(LED_PIN,OFF_LED);  //初始状态LED熄灭
```

图3-23　设置串口波特率

在上述代码中，pinMode函数用于设置引脚模式，Serial.begin函数用于初始化串口并设置波特率，digitalWrite函数用于设置引脚电平状态。

在初始化完成后，进入主循环（图3-24）。在主循环中，首先检查串口是否有数据可读，如果有数据，则读取数据并进行处理，具体步骤如下。

（1）检查串口是否有数据可读。使用Serial.available函数判断。

（2）读取数据。使用Serial.read函数读取一字节的数据。

（3）判断数据并控制LED灯。根据读取到的数据，控制LED灯的状态。

```
void loop() {//主循环,实现串口控制LED的亮灭
  // put your main code here, to run repeatedly:
  if (Serial.available() > 0) {//如果串口有数据
    uart_tx_buf = char(Serial.read());//Serial.read()读缓冲区字符每次只读一个字节
    if(uart_tx_buf == 'A'){
      digitalWrite(LED_PIN,OFF_LED);//接收到A字符,熄灭LED
      Serial.println("OFF_LED");
    }else if (uart_tx_buf == 'B') {
      digitalWrite(LED_PIN,ON_LED);//接收到B字符,点亮LED
      Serial.println("ON_LED");
    }
    uart_tx_buf = 0; //清除接收到的字符
  }
}
```

图 3-24　主循环程序

代码如图3-25所示。

```
void loop() {//主循环,实现串口控制LED的亮灭
  // put your main code here, to run repeatedly:
  if (Serial.available() > 0) {//如果串口有数据
    uart_tx_buf = char(Serial.read());//Serial.read()读缓冲区字符每次只读一个字节
    if(uart_tx_buf == 'A'){
      digitalWrite(LED_PIN,OFF_LED);//接收到A字符,熄灭LED
      Serial.println("OFF_LED");
    }else if (uart_tx_buf == 'B') {
      digitalWrite(LED_PIN,ON_LED);//接收到B字符,点亮LED
      Serial.println("ON_LED");
    }
    uart_tx_buf = 0; //清除接收到的字符
  }
}
```

图 3-25　Serial.available 函数应用示例

在上述代码中，if [Serial.available() > 0] 用于判断串口是否有数据可读，而Serial.read函数用于读取一字节的数据并存储在变量incomingByte中。根据incomingByte的值，使用digitalWrite函数控制LED灯的状态，同时通过Serial.println函数在串口监视器中反馈LED灯的状态。

当代码编写完成后，将程序上传到开发板。上传成功后，打开串口监视器，

确保设置波特率为115200。然后通过串口监视器发送大写字母"A"或"B"，观察LED灯的状态变化，并在监视器中查看反馈信息。

实验现象如下：

（1）发送"A"。LED灯熄灭，串口监视器显示"LED OFF"。

（2）发送"B"。LED灯点亮，串口监视器显示"LED ON"。

通过上述操作，大家可以验证程序的正确性和串口通信的稳定性，初步了解如何利用串口通信实现对硬件设备的控制。在实际应用中，可以根据需要扩展和优化程序，实现更多功能。例如，可以通过串口控制多个LED灯、舵机、传感器等。

如果需要通过串口通信控制多个LED灯，可以将每个LED灯连接到不同的GPIO引脚，并在程序中增加相应的控制逻辑。

本实战项目详细介绍了如何利用串口通信实现对LED灯的控制。这不仅是对串口通信基础知识的复习和巩固，也是为更复杂的设备控制打下基础。通过合理设置波特率、检查数据可读性、进行数据读取和发送，可以实现设备之间的高效通信。希望通过学习，大家能够更好地理解和应用串口通信技术，为后续更复杂的嵌入式系统开发奠定坚实的基础。

实战项目7　单个舵机串口控制

在现代嵌入式系统的开发中，串口通信是一种常见的通信方式，其应用广泛，既可以用于设备间的数据传输，也可以用于控制系统中的指令传递。舵机控制作为机器人技术和自动化系统中的关键环节，通过串口通信实现对舵机的精确控制，不仅能够提高系统的灵活性，还能简化硬件连接和数据传输的复杂性。本实战项目将深入探讨如何通过串口通信实现对舵机的控制，包括串口通信的基本原理、舵机控制的具体实现步骤及代码解析。

串口通信是一种全双工的通信方式，通常由发送端和接收端组成，通过传输数据线和接收数据线进行数据交换。在嵌入式系统中，串口通信通常采用UART协议，该协议简单易用，适用于低速、短距离的数据传输。

舵机是一种用于控制角度的执行机构，广泛应用于机器人、模型飞机等领域。舵机的控制信号通常为脉冲宽度调制（PWM）信号，通过改变脉冲宽度可以调整舵机的角度。通常情况下，舵机的PWM信号周期为20毫秒，脉冲宽度在500～2500微秒，分别对应舵机的最小宽度和最大宽度。

首先，需要初始化串口通信。这一步骤包括设置波特率、数据位、停止位和校验位等参数。在本实战项目中，设置波特率为115200比特每秒，这是一个常见的波特率值，能够在保证数据传输速率的同时，减少误码率（图3-26）。

```
void setup() {
    myservo.attach(SERVO_PIN);    // 将舵机对象连接到定义的引脚上
    Serial.begin(115200);         // 初始化串口通信，设置波特率为115200
}
```

图 3-26 串口通信

在上述代码中，通过Serial.begin函数初始化串口通信，并设置波特率为115200比特每秒。

在串口通信的接收过程中，数据以字符形式传输，因此需要对接收到的字符数据进行解析和转换。首先，定义一个字符串变量用于存储接收到的数据，然后通过循环不断读取串口缓冲区中的数据，并将其拼接成一个完整的字符串（图3-27）。

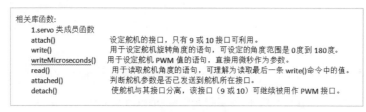

图 3-27 相关函数

上述代码通过Serial.available()函数判断串口缓冲区是否有数据，如果有数据则通过Serial.read()函数读取，并拼接成一个完整的字符串。当接收到换行符\n时，表示已经接收完成一条完整的指令，可以进行后续处理。

当接收到完整的指令后，需要对指令进行解析，将字符串转换为整数，并根据该数值控制舵机。舵机控制函数接受一个脉冲宽度值，该值范围为500～2500微秒，对应舵机的最小角度和最大角度（图3-28）。

上述代码首先引入舵机控制库Servo.h，然后在setup()函数中将舵机连接到数字引脚10。在processInput()函数（编程中常见的输入数据处理函数，通常用于对用户输入、传感器数据或通信接收的原始信息进行校验、转换或触发后续逻辑）中，通过String.toInt()函数（Arduino编程环境中用于将字符串转换为整数的成员函数。它会尝试解析字符串中的数字字符，直到遇到非数字字符为止）将接收到的字符串转换为整数，并判断该整数是否在有效范围内。如果有效，则通过myServo.writeMicroseconds()（一个常见的函数，主要用于控制 舵机或其他基于脉宽调制的硬件设备）函数控制舵机的脉冲宽度，从而调整舵机的角度。

```c
#include <ESP32Servo.h> //引入ESP32Servo库,用于在ESP32上控制舵机
Servo myservo;         //创建一个舵机对象
String inString = "";  //声明一个字符串变量,用于存储接收到的串口数据
#define SERVO_PIN 10   // 定义舵机控制引脚为10
void singleServoControl(unsigned int servo_pwm) {//单个舵机控制函数,输入参数为舵机PWM值
    myservo.writeMicroseconds(servo_pwm); // 将PWM值写入舵机,控制舵机位置
}

int uartReceive(void){//串口接收函数,将接收到的字节转换为int型并返回
    static unsigned int uart_rx_buf = 0; //声明静态变量,用于存储接收的值
    while (Serial.available() > 0){ //如果串口有数据可读
        char inChar = Serial.read(); //读取用户字节数据
        if (isDigit(inChar)){
          inString.concat(inChar);//将字符连接到字符串inString中
        }
        delay(2); //延时2毫秒,防止数据丢失
    }
    if (inString.length() > 0){//如果字符串inString有数据
      uart_rx_buf = inString.toInt();//将字符串转换为整数并存储在uart_rx_buf中
      inString = ""; //清空字符串
      Serial.println(uart_rx_buf);//打印接收到的数值
    }
```

图 3-28　数据处理与舵机控制

为了确保代码的正确性，可以通过串口监视器查看接收到的数据和舵机的响应情况。在processInput函数中，通过Serial.println函数输出调试信息，包括接收到的脉冲宽度值和舵机的状态（图3-29）。

```c
#include <ESP32Servo.h> //引入 ESP32Servo 库,用于在 ESP32 上控制舵机
Servo myservo;         //创建一个舵机对象
String inString = "";  //声明一个字符串变量,用于存储接收到的串口数据
#define SERVO_PIN 10   // 定义舵机控制引脚为 10
void singleServoControl(unsigned int servo_pwm) {//单个舵机控制函数,输入参数为舵机PWM值
    myservo.writeMicroseconds(servo_pwm); // 将 PWM 值写入舵机,控制舵机位置
}

int uartReceive(void){//串口接收函数,将接收到的字节转换为 int 型并返回
    static unsigned int uart_rx_buf = 0; //声明静态变量,用于存储接收的值
    while (Serial.available() > 0){ //如果串口有数据可读
        char inChar = Serial.read(); //读取用户字节数据
        if (isDigit(inChar)){
          inString.concat(inChar);//将字符连接到字符串 inString 中
        }
        delay(2); //延时 2 毫秒,防止数据丢失
    }
    if (inString.length() > 0){//如果字符串 inString 有数据
      uart_rx_buf = inString.toInt();//将字符串转换为整数并存储在 uart_rx_buf 中
      inString = ""; //清空字符串
      Serial.println(uart_rx_buf);//打印接收到的数值
    }
    return uart_rx_buf;     //返回接收到的数值
}
```

```
void setup() {
  // put your setup code here, to run once:
  myservo.attach(SERVO_PIN);//将舵机对象连接到定义的引脚上
  Serial.begin(115200);//初始化串口通信,设置波特率为115200
}

void loop() {
  // put your main code here, to run repeatedly:
  int receivedValue = uartReceive(); //调用串口接收函数,获取接收到的值
  if (receiveValue >= 500 && receiveValue <= 2500){//如果接收到的值在 500 到 2500 之间
         singleServoControl(receiveValue); //调用单个舵机控制函数,写入接收到的PWM值
  }
}
```

图 3-29　整体代码

通过上述代码，可以在串口监视器中看到每次接收到的数据，以及舵机的响应情况。如果接收到的脉冲宽度值无效，则输出错误提示信息。

在上述代码的基础上，可以进一步扩展功能，例如控制多个舵机、实现更复杂的指令解析等。

如果需要同时控制多个舵机，可以在代码中创建多个舵机对象，并根据接收到的指令解析出不同的舵机编号和对应的脉冲宽度值。

```
#include <ESP32Servo.h> // 引入ESP32Servo库,是专为ESP32设计的舵机控制库
Servo servo1, servo2; // 创建两个舵机对象,分别用于控制两个舵机
void setup() {
  Serial.begin(115200); // 初始化串口通信,设置波特率为115200比特每秒
  // 这一步是为了能够通过串口监视器与ESP32进行通信,并在串口上输出调试信息
  servo1.attach(10); // 将第一个舵机(servo1)连接到ESP32的数字引脚10
  // attach()函数用于指定舵机连接的引脚,通常使用PWM引脚
  // 数字引脚10将用于接收舵机的控制信号
  servo2.attach(11); // 将第二个舵机(servo2)连接到ESP32的数字引脚11
  // attach()函数用于指定舵机连接的引脚,数字引脚11将用于接收舵机的控制信号
}
void loop() {
  if (Serial.available() > 0) { // 检查是否有串口数据可读取
    String input = Serial.readStringUntil('\n'); // 读取串口输入直到换行符
    processInput(input); // 调用processInput函数处理接收到的输入
  }
}
void processInput(String input) {
  int separatorIndex = input.indexOf(','); // 查找逗号分隔符在字符串中的位置
  // indexOf()函数用于查找指定字符或子字符串第一次出现的位置
  if (separatorIndex > 0) { // 检查逗号分隔符是否存在且位置合法
```

```
        int servoId = input.substring(0, separatorIndex).toInt(); // 提取逗号
前的部分并转换为整数，得到舵机编号
        // substring() 函数用于获取字符串的子字符串，toInt() 函数用于将字符串转换为
整数
        int pulseWidth = input.substring(separatorIndex + 1).toInt(); // 提取
逗号后的部分并转换为整数，得到脉冲宽度值
        // substring() 函数用于获取逗号后的部分，toInt() 函数用于将字符串转换为整数
        if (pulseWidth >= 500 && pulseWidth <= 2500) { // 检查脉冲宽度是否在有效
范围内（500 到 2500 微秒）
            if (servoId == 1) { // 检查舵机编号是否为1
                servo1.writeMicroseconds(pulseWidth); // 设置第一个舵机（servo1）的
脉冲宽度为指定值，以控制舵机的角度
                // writeMicroseconds() 函数用于将脉冲宽度值发送到舵机，控制舵机的位置
                Serial.println("Servo 1 angle set to: " + String(pulseWidth));
                // 在串口监视器上输出设置的舵机角度
                // println() 函数用于在串口监视器上输出信息，String() 函数用于将整数转换为字
符串
            } else if (servoId == 2) { // 检查舵机编号是否为2
                servo2.writeMicroseconds(pulseWidth); // 设置第二个舵机（servo2）的
脉冲宽度为指定值
                // writeMicroseconds() 函数用于将脉冲宽度值发送到舵机，以控制舵机的位置
                Serial.println("Servo 2 angle set to: " + String(pulseWidth));
                // 在串口监视器上输出设置的舵机角度
            } else { // 如果舵机编号无效
                Serial.println("Invalid servo ID."); // 在串口监视器上输出错误信息，
表示无效的舵机编号
            }
        } else { // 如果脉冲宽度值不在有效范围内
            Serial.println("Invalid pulse width value."); // 在串口监视器上输出错
误信息，表示脉冲宽度值无效
        }
    } else { // 如果没有找到逗号分隔符
        Serial.println("Invalid input format."); // 在串口监视器上输出错误信息，
表示输入格式无效
    }
}
```

以上代码用于通过串口接收控制命令，控制两个舵机的角度，具体过程如下。

（1）舵机对象的创建和初始化。通过Servo库创建两个舵机对象，并在setup()函数中将这些对象与Arduino的数字引脚关联。

（2）输入处理。processInput函数接收字符串形式的命令，解析舵机编号和

脉冲宽度，并对舵机进行控制。解析过程包括查找逗号分隔符、提取和转换参数值，并根据舵机编号进行相应的控制。

（3）数据验证和反馈。在设置舵机角度之前，对脉冲宽度值进行范围检查，确保其在有效范围内。如果输入的内容无效，系统会在串口监视器上输出相应的错误信息。

在实际应用中，可能需要接收和解析更复杂的指令格式，例如包含多个参数的指令。此时可以通过字符串处理函数对指令进行拆分和解析，并根据解析结果执行相应的操作。

```
#include <ESP32Servo.h> // 引入 ESP32Servo 库，是专为 ESP32 设计的舵机控制库
Servo servo1; // 创建舵机对象 servo1，用于控制第一个舵机
Servo servo2; // 创建舵机对象 servo2，用于控制第二个舵机
void setup() {
  Serial.begin(115200); // 初始化串口通信，设置波特率为 115200 比特每秒
  // 这一步是为了能够通过串口监视器与 ESP32 进行通信，并在串口上输出调试信息
  servo1.attach(10); // 将第一个舵机（servo1）连接到 ESP32 的数字引脚 10
  // attach() 函数用于指定舵机连接的引脚，通常使用 PWM 引脚
  // 数字引脚 10 将用于接收舵机的控制信号
  servo2.attach(11); // 将第二个舵机（servo2）连接到 ESP32 的数字引脚 11
  // attach() 函数用于指定舵机连接的引脚，数字引脚 11 将用于接收舵机的控制信号
}
void loop() {
  if (Serial.available() > 0) { // 检查是否有串口数据可读
    String input = Serial.readStringUntil('\n'); // 读取串口输入直到换行符
    processInput(input); // 调用 processInput 函数处理接收到的输入
  }
}
void processInput(String input) {
  // 从输入字符串中提取指令部分，即指令名称（例如 "SET"）
  String command = input.substring(0, input.indexOf(' '));
   // 使用 substring() 函数从输入字符串中提取从起始位置到第一个空格位置的子字符串，这部分表示指令名称
  // indexOf() 函数用于找到空格在字符串中的位置
  // 从输入字符串中提取参数部分，即指令的实际参数
  String params = input.substring(input.indexOf(' ') + 1);
   // 使用 substring() 函数从输入字符串中第一个空格位置的下一个字符开始提取子字符串，这部分表示指令的参数
  if (command == "SET") { // 判断提取的指令是否为 "SET"
    // 进入处理 "SET" 指令的逻辑
    int separatorIndex = params.indexOf(',');
```

```
      // 查找参数部分中逗号分隔符的位置,用于分隔舵机编号和脉冲宽度值
    if (separatorIndex > 0) { // 确保逗号分隔符存在且位置合法
      // 进入处理逗号存在的逻辑
      // 提取舵机编号,并将其转换为整数
      int servoId = params.substring(0, separatorIndex).toInt();
      // 使用 substring() 函数从参数部分提取逗号前的子字符串,并使用 toInt() 函数
将其转换为整数
      // 提取脉冲宽度值,并将其转换为整数
      int pulseWidth = params.substring(separatorIndex + 1).toInt();
      // 使用 substring() 函数从逗号后提取子字符串,并使用 toInt() 函数将其转换为
整数
      if (pulseWidth >= 500 && pulseWidth <= 2500) { // 验证脉冲宽度值是否
在有效范围内(500 到 2500 微秒)
        if (servoId == 1) { // 判断舵机编号是否为 1
          servo1.writeMicroseconds(pulseWidth);
          // 调用舵机 1 的 writeMicroseconds() 函数,将脉冲宽度值设置为指定的值,
从而控制舵机 1 的角度
          Serial.println("Servo 1 angle set to: " + String(pulseWidth));
          // 在串口监视器上输出信息,表明舵机 1 的角度已设置为指定的脉冲宽度值
        } else if (servoId == 2) { // 判断舵机编号是否为 2
          servo2.writeMicroseconds(pulseWidth);
          // 调用舵机 2 的 writeMicroseconds() 函数,将脉冲宽度值设置为指定的值,
从而控制舵机 2 的角度
          Serial.println("Servo 2 angle set to: " + String(pulseWidth));
          // 在串口监视器上输出信息,表明舵机 2 的角度已被设置为指定的脉冲宽度值
        } else { // 如果舵机编号无效
          Serial.println("Invalid servo ID.");
          // 在串口监视器上输出错误信息,表明舵机编号无效
        }
      } else { // 如果脉冲宽度值不在有效范围内
        Serial.println("Invalid pulse width value.");
        // 在串口监视器上输出错误信息,表明脉冲宽度值无效
      }
    } else { // 如果没有找到逗号分隔符
      Serial.println("Invalid parameter format.");
      // 在串口监视器上输出错误信息,表明参数格式无效
    }
  } else { // 如果指令不是 "SET"
    Serial.println("Unknown command.");
    // 在串口监视器上输出错误信息,表明指令未知
  }
}
```

上述代码通过空格分隔符将指令分为命令和参数两部分，并进一步解析参数部分的舵机编号和脉冲宽度值。根据不同的命令类型，执行相应的操作。如果接收到的指令格式或参数不正确，则输出错误提示信息。

通过以上讲解，我们能够理解并实现基于串口通信的舵机控制。本实战项目不仅提供了完整的代码示例，还详细解释了每个步骤的实现原理和注意事项。通过扩展功能的实现，我们可以根据具体需求，灵活调整代码，实现更多功能和应用。

实战项目8　串口舵机速度控制

串口通信作为嵌入式系统中一种重要的数据传输方式，广泛应用于各种设备之间的通信，其高效、稳定的特点使其在工业控制、物联网等领域有着不可替代的作用。本实战项目将系统地介绍串口通信的基础知识、波特率的设置、数据的读取与发送，并结合具体实例说明如何通过串口控制硬件设备，如LED灯和舵机。

首先，波特率是串口通信中的一个重要参数。它表示每秒传输的比特数，常见的波特率有9600、115200等。在实际应用中，开发者需要根据具体需求设置合适的波特率，以确保数据传输的稳定性和可靠性。在Arduino开发环境中，波特率的设置非常简单，只需使用Serial.begin函数即可完成波特率的初始化。例如，图3-30中代码可将波特率设置为115200。

```
// 初始化函数
void setup() {
    Serial.begin(115200);    // 初始化串口通信，波特率为115200
    BluetoothSerial.begin(9600);    // 初始化蓝牙通信，波特率为9600
    for (byte i = 0; i < SERVO_NUM; i++) {
        myservo[i].attach(servo_pin[i]);    // 绑定每个舵机到相应的引脚
    }
}
```

图 3-30　波特率设置

通过这种方式，串口通信的速率被设定为每秒传输115200比特。选择合适的波特率是确保数据传输稳定性的重要一步。波特率设置得过高，可能会导致数据丢失或传输错误；波特率设置得过低，则可能无法满足实际应用中的数据传输需求。

在进行数据传输时，检查串口是否有数据可读是关键环节。Serial.available函数用于判断串口上是否有可读取的数据。如果有数据可读，它会返回一个大于

0的数字，否则返回0。通过这种方式，我们可以有效地判断是否需要进行数据读取操作（图3-31）。

```
// 接收串口发来的字符串
void uartReceive() {
    while (Serial.available() > 0) {    // 如果串口有数据
        char inChar = Serial.read();     // 读取串口字符
        inString.concat(inChar);         // 连接接收到的字符组
        delayMicroseconds(100);          // 设置短暂延时以防数据丢失
        Serial.flush();                  // 清空串口接收缓存
        if (inString.length() > 200) {
            inString = "";               // 如果接收数据长度超限，清空数据
        }
    }
}
```

图 3-31　Serial.available 函数应用示例

在上述代码中，当Serial.available返回值大于0时，表示有数据可读，此时可以进行数据读取操作。数据读取是串口通信的核心操作之一。Serial.read函数用于读取串口上的数据，并返回读取的第一个字节。如果没有可读取的字节，它会返回-1。读取的数据会从接收缓冲区中移除，确保每次读取的数据都是最新的。

上述代码用于从串口读取一字节的数据，并将其存储在变量data中。读取数据之后，如何处理这些数据也是一个重要环节。在嵌入式系统中，通常需要对接收到的数据进行一定的处理，然后根据处理结果执行相应的操作。

数据发送在嵌入式系统中同样重要。开发者可以方便地将数据发送到串口，进行调试和通信。串口通信不局限于数据的接收与发送，还可以通过串口实现设备的控制。例如，控制LED灯的开关状态和舵机的旋转角度（图3-32）。

在一个完整的串口通信示例程序中，可以实现数据的接收与发送。当程序接收到数据时，会读取该数据并将其存储在字符串中，然后发送回串口，实现数据回显功能。如图3-33所示是一个具体的示例程序。

上述代码实现了一个简单的串口数据回显功能。当程序通过串口接收到数据时，会读取数据并将其添加到字符串receivedData中，然后通过串口发送回去，实现数据的回显。这种方式在调试和测试串口通信时非常有用，我们可以直观地看到程序接收到的数据。

在实际应用中，控制舵机是嵌入式系统的一个常见需求。下面介绍如何通过串口接收指令来控制单个舵机的旋转角度。首先，需要包含Servo库，并定义舵机对象和连接舵机的引脚（图3-34）。

```cpp
// 解析串口接收指令
void parseInStringCmd() {
    static unsigned int index, time1, pwm1, i;
    static unsigned int len;
    if (inString.length() > 0) {
        if ((inString[0] == '#') || (inString[0] == '{')) {
            len = inString.length();
            index = 0; pwm1 = 0; time1 = 0;
            for (i = 0; i < len; i++) {
                if (inString[i] == '#') {
                    i++;
                    while ((inString[i] != 'P') && (i < len)) {
                        index = index * 10 + (inString[i] - '0');
                        i++;
                    }
                    i--;
                } else if (inString[i] == 'P') {
                    i++;
                    while ((inString[i] != 'T') && (i < len)) {
                        pwm1 = pwm1 * 10 + (inString[i] - '0');
                        i++;
                    }
                    i--;
                } else if (inString[i] == 'T') {
                    i++;
                    while ((inString[i] != '!') && (i < len)) {
                        time1 = time1 * 10 + (inString[i] - '0');
                        i++;
                    }
                    if ((index >= SERVO_NUM) || (pwm1 > 2500) || (pwm1 < 500)) {
                        break;
                    }
                    servo_do[index].aim = pwm1;
                    servo_do[index].time1 = time1;
                    float pwm_err = servo_do[index].aim - servo_do[index].cur;
                    servo_do[index].inc  =  (pwm_err  *  1.00)  /  (servo_do[index].time1  /  SERVO_TIME_PERIOD);
                    index = pwm1 = time1 = 0;
                }
            }
        } else if (strcmp(inString.c_str(), "$DST!") == 0) {
            for (i = 0; i < SERVO_NUM; i++) {
                servo_do[i].aim = (int)servo_do[i].cur;
            }
        }
        inString = "";
    }
}
```

图 3-32　解析数据接收和发送

```cpp
// 接收串口发来的字符串
void uartReceive() {
    while (Serial.available() > 0) {      // 如果串口有数据
        char inChar = Serial.read();       // 读取串口字符
        inString.concat(inChar);           // 连接接收到的字符组
        delayMicroseconds(100);            // 设置短暂延时以防数据丢失
        Serial.flush();                    // 清空串口接收缓存
        if (inString.length() > 200) {    // 如果接收数据长度超限，清空数据
            inString = "";
        }
    }
}
```

图 3-33　接收数据

```cpp
#include <ESP32Servo.h>           // 使用ESP32Servo库

String inString = "";             // 声明一个字符串变量用于接收串口数据
char cmd1[10] = "";               // 声明一个字符数组
char cmd2[] = "$DST!";            // 声明一个字符数组，存储固定的指令

#define SERVO_NUM 6               // 宏定义舵机个数为6
#define SERVO_TIME_PERIOD 20      // 每隔20ms处理一次舵机的PWM增量

byte servo_pin[SERVO_NUM] = {10, 12, 13, 14, 15, 16}; // 定义舵机控制引脚

// 创建多个舵机对象
Servo myservo[SERVO_NUM];         // 定义一个舵机对象数组

// 定义蓝牙模块的串口
#define BluetoothSerial Serial2   // 使用宏定义将Serial2重命名为BluetoothSerial，便于后续代码中使用

typedef struct {                  // 定义舵机控制结构体
    unsigned int aim = 1500;      // 舵机目标值
    float cur = 1500.0;           // 舵机当前值
    unsigned int time1 = 1000;    // 舵机执行时间
    float inc = 0.0;              // 舵机值增量，以20毫秒为周期
} duoji_struct;

duoji_struct servo_do[SERVO_NUM]; // 定义一个舵机控制结构体数组
```

图 3-34　串口接收指令来控制单个舵机的旋转角度

程序通过串口接收舵机的角度指令并控制舵机的旋转（图3-35）。

```cpp
// 舵机PWM增量处理函数，每隔SERVO_TIME_PERIOD毫秒处理一次
void handleServo() {
    static unsigned long systick_ms_bak = 0;
    if (handleTimePeriod(&systick_ms_bak, SERVO_TIME_PERIOD)) return;
    for (byte i = 0; i < SERVO_NUM; i++) {
        if (abs(servo_do[i].aim - servo_do[i].cur) <= abs(servo_do[i].inc)) {
            myservo[i].writeMicroseconds(servo_do[i].aim);
            servo_do[i].cur = servo_do[i].aim;
        } else {
            servo_do[i].cur += servo_do[i].inc;
            myservo[i].writeMicroseconds((int)servo_do[i].cur);
        }
    }
}
```

图 3-35　控制舵机旋转

通过上述代码，可以实现通过串口输入角度值来控制舵机的旋转。用户只需在串口监视器中输入0～180的整数，舵机将旋转到相应的角度。这种方法在机器人控制、自动化设备中有着广泛的应用。

在实际操作中，将上述程序上传到Arduino开发板后，可以通过串口监视器输入不同的角度值，观察舵机的旋转情况。例如，输入50，舵机将旋转到50度；输入120，舵机将旋转到120度。通过这种方式，人们可以方便地实现对舵机的精确控制。

在实际应用中，大家还可以根据具体需求对代码进行扩展和优化，例如增加错误处理、实现更多的控制指令等。通过合理地设置波特率、检查数据的可读性、进行数据的读取和发送，可以实现设备之间的高效通信。

本实战项目介绍了串口通信的基础知识和应用，包括波特率的设置、数据的读取和发送，并结合实际例子说明了如何通过串口控制舵机。希望通过本实战项目的介绍，读者能够更好地理解和应用串口通信技术（图3-36）。

```
相关库函数：
    1.servo 类成员函数
    attach()              设定舵机的接口，只有 9 或 10 接口可利用。
    write()               用于设定舵机旋转角度的语句，可设定的角度范围是 0度到 180度。
    writeMicroseconds()   用于设定舵机 PWM 值的语句，直接用微秒作为参数。
    attached()            判断舵机参数是否已发送到舵机所在接口。
    detach()              使舵机与其接口分离，该接口（9 或 10）可继续被用作 PWM 接口。
                  舵机停止指令：$DST!
    相关指令：单舵机控制指令：#indexPpwmTtime!(index-舵机序号 000,001,002…;pwm-舵机 PWM 值0500~2500之间;time-舵机
               执行时间 0-65535毫秒)
            多舵机控制指令：{#index1Ppwm1Ttime1! #index2Ppwm2Ttime2! …}动作组指令，多个单舵机指令合并在一起，
               然后加个大括号，也可以不加
```

图 3-36　主要函数

以下为串口控制LED灯的完整代码。

```
#include <ESP32Servo.h>                // 引入 ESP32Servo 库
String inString = "";                  // 声明一个字符串
char cmd1[10]="";                      // 声明一个字符数组
char cmd2[]="$DST!";                   // 声明一个字符数组，存储固定的指令
#define   SERVO_NUM   6                // 宏定义舵机个数
#define   SERVO_TIME_PERIOD  20        // 每隔 20 毫秒处理一次（累加）舵机的 PWM 增量
byte   servo_pin[SERVO_NUM] = {10, 34, 35, 36, 32, 7};    // 将 A2 替换为 34，
将 A3 替换为 35，将 A0 替换为 36，将 A1 替换为 32
Servo myservo[SERVO_NUM];              // 创建一个舵机类
typedef struct {                       // 舵机结构体变量声明
    unsigned int aim = 1500;           // 舵机目标值
    float cur = 1500.0;                // 舵机当前值
    unsigned  int time1 = 1000;        // 舵机执行时间
    float inc= 0.0;                    // 舵机值增量，以 20 毫秒为周期
} duoji_struct;
duoji_struct servo_do[SERVO_NUM];      // 用结构体变量声明一个舵机变量组
bool handleTimePeriod( unsigned long *ptr_time, unsigned int time_period) {
    if((millis() - *ptr_time) < time_period) {
        return 1;
    } else{
        *ptr_time = millis();
        return 0;
    }
```

```
    }
    void uartReceive(){
        while (Serial.available()>0) {        // 如果串口有数据
            char inChar = Serial.read();      // 读取串口字符
            inString.concat(inChar);          // 连接接收到的字符组
            delayMicroseconds(100);           // 为了防止数据丢失，在此设置短暂延时100微秒
            Serial.flush();                   // 清空串口接收缓存
            if(inString.length() > 200){
                inString = "";
            }
        }
    }
    void parseInStringCmd(){
        static unsigned int index, time1, pwm1, i; // 声明三个变量分别用来存储解析后的舵机序号、舵机执行时间、舵机 PWM
        static unsigned int len;                   // 存储字符串长度
        if(inString.length() > 0) {                // 判断串口有数据
            if((inString[0] == '#') || (inString[0] == '{')) {   // 解析以"#"或者以"{"开头的指令
                char len = inString.length();      // 获取串口接收数据的长度
                index=0; pwm1=0; time1=0;          // 3个参数初始化
                for(i = 0; i < len; i++) {
                    if(inString[i] == '#') {       // 判断是否为起始符"#"
                        i++;                        // 下一个字符
                        while((inString[i] != 'P') && (i<len)) {      // 判断是否为 # 之后 P 之前的数字字符
                            index = index*10 + (inString[i] - '0');   // 记录 P 之前的数字
                            i++;
                        }
                        i--;                        // 因为上面 i 多自增一次，所以要减去 1 个
                    } else if(inString[i] == 'P') {  // 检测是否为"P"
                        i++;
                        while((inString[i] != 'T') && (i<len)) {      // 检测 P 之后 T 之前的数字字符并保存
                            pwm1 = pwm1*10 + (inString[i] - '0');
                            i++;
                        }
                        i--;
                    } else if(inString[i] == 'T') {  // 判断是否为"T"
                        i++;
                        while((inString[i] != '!') && (i<len)) {     // 检测 T 之后 ! 之前的数字字符并保存
                            time1 = time1*10 + (inString[i] - '0');  // 将 T 后面的数字保存
```

```
                            i++;
                        }
                        if((index >= SERVO_NUM) || (pwm1 > 2500)
||(pwm1<500)) {  // 如果舵机号和 PWM 数值超出约定值则跳出不处理
                        break;
                    }
                    // 检测完后赋值
                    servo_do[index].aim = pwm1;              // 舵机 PWM 赋值
                    servo_do[index].time1 = time1;           // 舵机执行时间赋值
                        float pwm_err = servo_do[index].aim - servo_
do[index].cur;
                        servo_do[index].inc = (pwm_err*1.00)/(servo_
do[index].time1/SERVO_TIME_PERIOD); // 根据时间计算舵机 PWM 增量
                    index = pwm1 = time1 = 0;
                }
            }
        } else if(strcmp(inString.c_str(),"$DST!")==0) { //.c_str 把 C++
中的字符串转换为 C 中的字符串，然后和字符串 "$DST!" 作比较
            for(i = 0; i < SERVO_NUM; i++) {
                servo_do[i].aim = (int)servo_do[i].cur;
            }
        }
        inString = "";
    }
}
void handleServo() {
    static unsigned long systick_ms_bak = 0;
    if(handleTimePeriod(&systick_ms_bak, SERVO_TIME_PERIOD)) return;
    for(byte i = 0; i < SERVO_NUM; i++) {
        if(abs(servo_do[i].aim - servo_do[i].cur) <= abs(servo_do[i].inc)) {
            myservo[i].writeMicroseconds(servo_do[i].aim);
            servo_do[i].cur = servo_do[i].aim;

        } else {
            servo_do[i].cur += servo_do[i].inc;
            myservo[i].writeMicroseconds((int)servo_do[i].cur);
        }
    }
}
void setup(){
    for(byte i = 0; i < SERVO_NUM; i++){
        myservo[i].attach(servo_pin[i]);    // 将引脚 10 与声明的舵机对象连接起来
    }
    Serial.begin(115200);                    // 初始化波特率为 115200
}
void loop(){
```

```
    uartReceive();
    parseInStringCmd();
    handleServo();
}
```

在嵌入式系统的开发中，loop函数的作用是通过不断监测串口缓冲区的数据来实现对LED状态的动态控制。具体的处理过程可以概括为以下几个步骤。

首先，需要检查串口缓冲区是否存在可读数据。这一步通过调用Serial.available()函数实现，该函数返回缓冲区中可读数据的字节数。如果缓冲区中存在数据，意味着有新的指令传入，系统应继续读取并处理这些指令。

接着，使用Serial.read()函数从串口中读取一字节的数据，并将其存储在变量command中。该字节数据通常表示一条控制指令，指示系统应对LED执行何种操作。不同的指令字符对应着不同的LED控制行为。

在处理指令时，根据接收到的指令字符进行相应的操作。如果指令字符为'A'，则系统调用digitalWrite(ledPin, LOW)，将连接到ledPin（一个变量名，用于表示控制LED的引脚编号，作为连接到LED的硬件引脚的抽象标识）的引脚设置为低电平。低电平信号会点亮LED，同时，通过Serial.println("LED ON")向串口打印一条信息，告知外部系统或用户LED已被点亮。

如果接收到的指令字符为'B'，则系统调用digitalWrite(ledPin, HIGH)，将ledPin引脚设置为高电平。高电平信号会导致LED熄灭。同样，通过Serial.println("LED OFF")向串口打印一条消息，告知LED已被关闭。

通过以上操作，loop函数实现对LED状态的动态控制，并通过串口通信与外部系统进行交互。这种设计不仅简化了用户对设备的控制，还通过串口提供了直观的反馈信息，使得系统的状态和操作结果一目了然。在嵌入式系统的开发中，这种通过串口通信实现设备控制的方式广泛应用于各种简单的控制任务中，为构建更为复杂的智能系统奠定了基础。

串口通信作为一种重要的嵌入式系统数据传输方式，因其高效性和稳定性在众多应用中得到广泛使用。通过串口，可以实现不同设备之间的数据传输和控制。这不仅在工业控制、物联网等领域具有重要意义，而且在个人项目开发中也常见。

串口通信的一个关键参数是波特率，它表示每秒传输的比特数。常见的波特率有9600、115200等（图3-37）。在实际应用中，需要根据具体需求设置合适的波特率，以确保数据传输的稳定性和可靠性。在Arduino开发环境中，波特率的设置非常简单。通过使用Serial.begin函数,可以轻松完成波特率的初始化。例如,以下代码将波特率设置为115200。通过这种方式,串口通信的速率被设定为每秒传输115200比特。选择合适的波特率是确保数据传输稳定性的重要一步。波特率设置过高可能会导致数据丢失或传输错误,而波特率设置过低则可能无法满足实际应用中的数据传输需求。

```
void setup(){
    for(byte i = 0; i < SERVO_NUM; i++){
        myservo[i].attach(servo_pin[i]);    // 将引脚10与声明的舵机对象连接起来
    }
    Serial.begin(115200);                    // 初始化波特率为115200
}
```

图 3-37　初始化

在进行数据传输时,检查串口是否有数据可读是一个关键环节。Serial.available函数用于判断串口上是否有可读取的数据。如果有数据可读,它会返回一个大于0的数字,否则返回0。通过这种方式,可以有效地判断是否需要进行数据读取操作。

在图3-38的代码中,当Serial.available返回值大于0时,表示有数据可读,此时可以进行数据读取操作。数据读取是串口通信的核心操作之一。Serial.read函数用于读取串口上的数据,并返回读取的第一个字节。如果没有可读取的字节,它会返回-1。读取的数据会从接收缓冲区中移除,确保每次读取的数据都是最新的。

```
void uartReceive(){
    while (Serial.available()>0) {       // 如果串口有数据
        char inChar = Serial.read();     // 读取串口字符
        inString.concat(inChar);         // 连接接收到的字符组
        delayMicroseconds(100);          // 为了防止数据丢失,在此设置短暂延时100微秒
        Serial.flush();                  // 清空串口接收缓存
        if(inString.length() > 200){
            inString = "";
        }
    }
}
```

图 3-38　接收串口发来的字符串

这段代码用于从串口读取一个字节的数据,并将其存储在变量data中。数据读取之后,如何处理这些数据是一个重要环节。在嵌入式系统中,接收到的数据通常需要进行一定的处理,然后根据处理结果执行相应的操作。

数据发送在嵌入式系统中同样重要。Serial.print函数用于将数据发送到串口。默认情况下,Serial.print以十进制的形式发送数据。如果需要以其他进制的形式发送数据,可以在函数参数中指定,代码如下:

```
void setup() {
    Serial.begin(115200);    // 初始化串口通信,设置波特率为115200
    Serial.print(123);       // 发送十进制数据 123
    Serial.print(123, HEX);  // 发送十六进制数据 123,结果为 "7B"
    Serial.print(123, BIN);  // 发送二进制数据 123,结果为 "1111011"
}
void loop() {
    // 主循环中没有必要的代码时可以保持空白
}
Serial.println 函数用于发送数据并换行。它在发送数据后自动添加一个换行符。例如:
void setup() {
    Serial.begin(115200);     // 初始化串口通信,设置波特率为115200,用于后续串口数据的发送和接收
    Serial.println(123);      // 向串口输出整数 123,并在后面添加一个换行符,这对调试和监控数据非常有用
    // 例如,在调试程序时,可以用这种方式输出变量的值以进行监控
    Serial.println("Hello, world!");  // 向串口输出字符串 "Hello, world!",并在后面添加一个换行符
    // 这种方式可以用来输出程序的状态信息或调试信息,帮助开发人员了解程序的执行情况
}
void loop() {
    // 当主循环中没有需要重复执行的代码时,可以保持为空
    // 如果有需要定期执行的代码,可以将其放在此处
}
```

通过上述函数,可以方便地将数据发送到串口进行调试和通信。串口通信不仅限于数据的接收与发送,还可以通过串口实现设备的控制。例如,控制LED灯的开关状态和舵机的旋转角度。

在一个完整的串口通信示例程序中,可以实现数据的接收与发送。当接收到数据时,会读取该数据并将其存储在字符串中,然后发送回串口,实现数据回显功能。图3-39所示是一个具体的示例程序。

上述代码实现了一个简单的串口数据回显功能。当程序通过串口接收到数据时,会读取数据并将其添加到字符串receivedData中,然后通过串口发送回去,实现数据的回显。这种方式在调试和测试串口通信时非常有用,可以直观地看到程序接收到的数据。

为了进行实验操作,需要打开串口监视器,并确保设置波特率为115200。然后在串口监视器中输入数据并发送,例如发送"123",可以观察到串口监视器返回的数据,例如返回"123"。通过上述示例程序,可以实现一个基本的串口

通信功能，接收到的数据会被存储并返回，实现简单的数据回显功能。

```
duoji_struct servo_do[SERVO_NUM]; // 用结构体变量声明一个舵机变量组
bool handleTimePeriod( unsigned long *ptr_time, unsigned int time_period) {
    if((millis() - *ptr_time) < time_period) {
        return 1;
    } else {
        *ptr_time = millis();
        return 0;
    }
}
void uartReceive(){
    while (Serial.available()>0) {      // 如果串口有数据
        char inChar = Serial.read();     // 读取串口字符
        inString.concat(inChar);         // 连接接收到的字符组
        delayMicroseconds(100);          // 为了防止数据丢失,在此设置短暂延时100微秒
        Serial.flush();                  // 清空串口接收缓存
        if(inString.length() > 200){
            inString = "";
        }
    }
}
```

图 3-39 串口通信

在实验操作中，需要将上述代码上传到Arduino板。打开串口监视器，设置波特率为115200。输入一个0～180的整数并发送，观察舵机旋转到相应的角度。该程序通过串口接收整数，并将该整数作为舵机的目标位置，从而实现对舵机的精确控制。

在实际应用中，大家可以根据具体需求对代码进行扩展和优化。例如，可以增加错误处理，确保输入的角度值在合理的范围内；还可以实现更多的控制指令，如启动和停止舵机等。通过这些扩展和优化，可以实现更复杂和实用的控制功能。

串口通信不仅仅是传输数据的工具，还可以用于实现复杂的控制系统。在未来的应用中，可以通过串口实现多个设备的控制和数据传输，构建复杂的嵌入式系统。例如，可以通过串口同时控制多个舵机，实现复杂的机械臂运动；或者通过串口接收传感器数据，并根据数据进行实时处理和反馈。

总结来说，串口通信是嵌入式系统中一种重要的通信方式。通过合理设置波特率、检查数据可读性、进行数据读取和发送，可以实现设备之间的高效通信。在嵌入式系统中，串口通信不仅用于数据传输，还可用于控制硬件设备，如LED灯和舵机。本实战项目通过具体示例详细说明了如何实现这些功能，希望能帮助读者更好地理解和应用串口通信技术。

实战项目9　电机PWM的控制

电机控制技术是现代工业和电子项目中的重要组成部分，尤其是在Arduino项目中，PWM（脉宽调制）控制技术的应用尤为广泛。通过PWM控制，可以实现电机速度的精确调节和方向的灵活转换。本实战项目将对电机PWM控制进行详细介绍和技术讲解，以帮助深入理解这一技术的原理和应用。

电机驱动的基本原理主要基于PWM信号的控制。PWM信号通过调节信号的占空比，即信号高电平时间与周期的比值，来控制电机的速度。高占空比意味着电机接收到更多的电压，从而以更高的速度运行；低占空比则意味着电机接收到较少的电压，速度也相应降低。例如，当占空比为100%时，电机以最快的速度运转，而占空比为50%时，电机以半速运转。这种调节方式不仅高效、节能，而且能够实现对电机速度的精确控制。

在Arduino平台上，实现电机PWM控制需要定义一系列函数和参数，以便灵活地控制电机的运行状态。通常，电机控制函数会接收以下参数：方向、左轮方向、右轮方向、左轮PWM值和右轮PWM值。这些参数通过共同作用，调节电机的运动状态。例如，通过设置方向参数，可以控制电机的前进或后退；通过调节PWM值，可以控制电机的运转速度。

在具体的实现代码中，可以定义一个控制函数，其中方向参数0和1分别代表后退和前进。当方向为1时，程序会将左轮和右轮的PWM信号设置为高电平，以实现电机的前进；当方向为0时，程序会将左轮和右轮的PWM信号设置为低电平，电机后退。通过调节PWM值，可以控制电机的速度。例如，当PWM值为255时，电机以最快的速度运转；而较小的PWM值，如50，则可能不足以驱动电机正常运转。

在硬件连接方面，电机驱动模块通常有6个引脚，分别是接地、输入信号和电源输入。连接时，需要确保信号线和电源线正确对应驱动板上的引脚。这样，当上传程序并运行时，电机能够按照预定的方式运转。

以下是一个具体的Arduino程序示例,用于控制电机的前进和后退。

```
// 定义电机引脚
const int dirPin1 = 2; // 定义控制电机方向的第一个引脚为引脚 2
const int dirPin2 = 3; // 定义控制电机方向的第二个引脚为引脚 3
const int speedPin = 9; // 定义控制电机速度的引脚为引脚 9
void setup() {
  // 初始化引脚为输出模式
  pinMode(dirPin1, OUTPUT); // 将引脚 2 设置为输出模式,用于控制电机方向
  pinMode(dirPin2, OUTPUT); // 将引脚 3 设置为输出模式,用于控制电机方向
  pinMode(speedPin, OUTPUT); // 将引脚 9 设置为输出模式,用于控制电机速度
}
void loop() {
  // 电机前进
  digitalWrite(dirPin1, HIGH); // 将引脚 2 设置为高电平,指示电机前进的方向
  digitalWrite(dirPin2, LOW); // 将引脚 3 设置为低电平,指示电机前进的方向
  analogWrite(speedPin, 128); // 以 50% 的占空比向引脚 9 输出 PWM 信号,控制电机速度为中速
  delay(2000); // 等待 2 秒,保持电机前进的状态
  // 电机后退
  digitalWrite(dirPin1, LOW); // 将引脚 2 设置为低电平,指示电机后退的方向
  digitalWrite(dirPin2, HIGH); // 将引脚 3 设置为高电平,指示电机后退的方向
  analogWrite(speedPin, 128); // 以 50% 的占空比向引脚 9 输出 PWM 信号,控制电机速度为中速
  delay(2000); // 等待 2 秒,保持电机后退的状态
}
```

在上述代码中,电机控制通过dirPin1和dirPin2实现方向控制,通过speedPin实现速度控制。程序首先设置电机前进的方向,并以50%的占空比驱动电机运行两秒。接着设置电机后退的方向,并以同样的占空比驱动电机运行两秒。通过这种方式,可以实现对电机的基本控制。

为了让大家进一步理解控制电机的原理,在Arduino IDE中编写并上传上述代码到Arduino板中,然后连接电机驱动模块。通过观察电机的转动情况,可以验证PWM控制的效果。例如,将PWM值设置为不同的数值,观察电机运转速度的变化;调整方向参数,观察电机的正反转。

这种控制方法在实际项目中有广泛应用。例如,在智能小车项目中,通过控制左右电机的PWM信号,可以实现小车的前进、后退、左转和右转。通过适当的逻辑设计,可以实现复杂的路径规划和运动控制。通过调节智能小车左右轮的

PWM信号，可以灵活地应对不同的行驶条件和任务需求。

在实际应用中，PWM信号的生成和调节需要结合具体的电机驱动电路。通常，Arduino通过数字引脚输出PWM信号，这些信号可以直接用于驱动小功率电机。但对于大功率电机，通常需要借助H桥电路（一种电子电路，用于控制电机的正反转，通常由4个开关组成）或专用电机驱动模块。这些电路能够提供更大的电流和电压，同时保护电机和控制器。通过PWM控制信号和驱动电路的配合，可以实现电机的精确控制。

在Arduino中生成PWM信号非常简单。Arduino的analogWrite函数可以用来输出PWM信号，该函数接受两个参数：引脚号和占空比。例如，analogWrite(9, 128)会在引脚9上输出占空比为50%的PWM信号。通过改变第二个参数的值，可以实现不同占空比的PWM信号，从而控制电机的运转速度。

在控制电机的过程中，方向控制同样重要。方向控制通常通过H桥电路实现。H桥电路由4个开关组成，通过不同的开关组合，可以实现电机的前进和后退。具体来说，当上左和下右开关闭合时，电机正转；当上右和下左开关闭合时，电机反转。通过PWM信号控制这些开关的通断，可以实现对电机运转速度和运转方向的精确控制。

上述代码用于控制电机的前进和后退，并通过PWM信号调节电机的运转速度，具体功能如下。

（1）引脚定义。dirPin1 和 dirPin2 用于控制电机的方向。speedPin 用于控制电机的运转速度。

（2）初始化引脚模式。在 setup() 函数中，将 dirPin1、dirPin2 和 speedPin 设置为输出模式，确保这些引脚可以向电机输出信号。

（3）控制电机的前进和后退。在 loop() 函数中，首先设置电机前进，通过将 dirPin1 设置为高电平、dirPin2 设置为低电平，并使用 analogWrite 向 speedPin 输出占空比为50%的PWM信号，从而以中速驱动电机前进。

延时2秒后，设置电机后退，通过将 dirPin1 设置为低电平、dirPin2 设置为高电平，并使用相同的PWM信号控制电机以中速后退。这个过程不断循环，使电机前进两秒，后退两秒。

在实际应用中，还可以通过传感器反馈实现闭环控制，从而进一步提高控制电机的精度。例如，使用编码器检测电机的转速和位置，并根据反馈调整PWM信号的占空比。这种闭环控制系统通常包括PID控制（一种常用的控制算法，通过比例、积分和微分调节，提高系统的响应速度和稳定性）算法，通过比例、积分和微分调节，提高系统的响应速度和稳定性。

在使用编码器的过程中，常见的有光电编码器和磁电编码器。光电编码器通过检测旋转轴上的光栅，产生脉冲信号，用于计算电机的转速和位置；磁电编码器则通过检测磁场的变化，实现类似的功能。这些编码器的信号可以通过Arduino的中断引脚读取，并在程序中进行处理。

例如，下面是一个简单地使用编码器实现电机转速反馈的Arduino示例代码。

```
volatile int encoderValue = 0;    // 定义一个易变的全局变量，用于存储编码器的脉冲计数
// 编码器中断服务程序
void encoderISR() {
  encoderValue++;    // 每次中断调用时，脉冲计数器加1
}
void setup() {
  // 初始化编码器引脚为输入模式，并启用中断
  pinMode(2, INPUT_PULLUP);    // 将引脚2设置为输入模式，并启用内部上拉电阻，用于接收编码器的信号
  attachInterrupt(digitalPinToInterrupt(2), encoderISR, RISING);    // 为引脚2设置中断，在上升沿触发encoderISR函数
  // 初始化串口用于输出转速
  Serial.begin(9600);    // 初始化串口通信，设置波特率为9600
}
void loop() {
  // 计算转速
  int rpm = encoderValue * 60;    // 简单假设每秒1个脉冲，计算每分钟的转速
  // 输出转速
  Serial.print("RPM: ");    // 输出 "RPM: " 字符串
  Serial.println(rpm);    // 输出当前转速值
  // 重置编码器计数
  encoderValue = 0;    // 将编码器脉冲计数重置为0
  // 延时1秒
  delay(1000);    // 延时1秒，等待下一个测量周期
}
```

在这段代码中，主要通过编码器脉冲的计数来计算并输出转速，具体实现步骤如下。

首先定义一个全局变量 volatile int encoderValue = 0;，该变量用于存储编码器的脉冲计数。volatile 关键字的使用表明 encoderValue 可能会在中断服务程序中

被修改，从而避免编译器在优化过程中对其进行不必要的优化，确保每次读取该变量时都能获取最新的值。

在setup函数中，首先通过pinMode(2, INPUT);将2号引脚设置为输入模式，以接收编码器的信号。接着使用attachInterrupt(digitalPinToInterrupt(2), encoderISR, RISING);为2号引脚设置中断，在信号上升沿时触发中断服务函数encoderISR。digitalPinToInterrupt(2)用于将2号引脚转换为相应的中断号。最后通过Serial.begin(9600);初始化串口通信，将波特率设置为9600，以便在串口监视器中输出转速信息。

在loop函数中，首先通过int rpm = encoderValue * 60;计算转速。假设每秒产生一个脉冲，则乘以60得到每分钟的转速。随后，通过Serial.print("RPM: ");输出提示字符串，接着使用Serial.println(rpm);打印当前的转速值，并换行显示。然后将encoderValue重置为0，为下一个测量周期做好准备。最后使用delay(1000);进行1秒的延时，以等待下一次的测量周期。

每当编码器产生一个脉冲时中断服务函数void encoderISR() {encoderValue++;}就被调用，该函数将脉冲计数加1，这确保了编码器脉冲的实时响应和精确计数。

这段代码的整体功能是通过编码器脉冲的上升沿触发中断，实时记录脉冲数量，并计算和输出每秒计算出的转速（假设每秒产生一个脉冲）。中断服务函数的使用保证了对编码器脉冲的准确计数，而通过串口输出的转速值则提供了对转速的实时监控。这段代码通过中断读取编码器信号，并在串口监视器上输出电机转速。每次编码器产生一个脉冲，中断服务程序encoderISR就会将encoderValue加1。主程序每秒读取一次encoderValue，并计算电机转速。通过这种方式，可以实现基本的转速反馈。

在实际应用中，PID控制算法是实现精确控制的重要工具。PID控制包括3个部分：比例（P）、积分（I）和微分（D）。比例控制通过当前误差来调整控制量，积分控制则通过累积误差来调整控制量，微分控制则通过误差变化率来调整控制量。通过合理地调节PID参数，可以实现系统的快速响应和稳定控制。

下面是一个简单的PID控制算法实现示例。

```
// PID控制参数
double Kp = 2.0;    // 比例系数，用于控制误差的比例部分
double Ki = 0.5;    // 积分系数，用于控制误差的累积部分
```

```
    double Kd = 1.0;    // 微分系数，用于控制误差的变化率
    // PID 控制变量
    double setpoint = 100;    // 目标值，系统期望达到的设定值
    double input = 0;         // 当前值，传感器读取的实际值
    double output = 0;        // 控制量，根据PID算法计算得出的控制输出
    double previousError = 0; // 前一个时间点的误差值，用于计算微分部分
    double integral = 0;      // 误差的累积值，用于计算积分部分
    const int speedPin = 5;   // 定义PWM输出引脚，用于调整电机转速（根据实际接线修改）
    void setup() {
      pinMode(speedPin, OUTPUT);    // 将PWM引脚设置为输出模式
    }
    void loop() {
      // 读取当前值（例如转速）
      input = readEncoderValue();    // 从编码器读取当前值，假设readEncoderValue()是一个返回当前值的函数
      // 计算误差
      double error = setpoint - input;    // 计算当前误差，用目标值减去当前值
      // 计算积分
      integral += error;    // 积分累加当前误差，用于计算积分部分
      // 计算微分
      double derivative = error - previousError;    // 计算当前误差与前一个误差的差值，用于计算微分部分
      // 计算控制量
      output = Kp * error + Ki * integral + Kd * derivative;    // 根据PID公式计算控制量
      // 应用控制量（例如调整PWM值）
      analogWrite(speedPin, constrain(output, 0, 255));    // 将控制量限制在0到255，并应用到PWM输出，控制电机转速
      // 保存当前误差
      previousError = error;    // 将当前误差保存为前一个误差，用于下一个周期的微分计算
      // 延时一段时间
      delay(100);    // 延时100毫秒，等待下一次循环
    }
    // 假设的函数，用于从编码器读取当前值（需要根据实际情况实现）
    double readEncoderValue() {
      // 返回编码器的读取值，这里需要用实际的编码器读取代码替换
      return 0;    // 这里需要替换成实际读取编码器值的代码
    }
```

在实现PID控制算法时，首先需要定义控制参数和状态变量。这些定义为PID控制器的工作提供了基础。

将比例系数Kp设置为2.0，用于调整控制误差的比例部分；将积分系数

Ki 设置为0.5，用于调整误差的累积部分；将微分系数 Kd 设置为1.0，用于调整控制误差的变化率。setpoint（系统需要达到并维持的目标值或期望值。它广泛应用于温度控制、速度调节、压力控制等场景）被设定为100，表示系统期望达到的目标值。input 用于存储当前值，该值从传感器读取，例如编码器的实际转速。output 是根据PID算法计算得出的控制输出，用于调整系统行为。previousError（一个变量，用于存储上一次的误差值，以便计算误差的变化率或进行误差累积）存储前一个时间点的误差值，用于计算微分部分。integral（用于累积系统历史误差的变量，其作用是消除稳态误差，使系统最终能精确达到设定值）存储误差的累积值，用于计算积分部分。

在主循环函数中，首先调用 readEncoderValue()（是一个函数或方法，用于读取编码器的当前计数值或角度值）函数读取当前值，并将其赋值给 input 变量。假设 readEncoderValue() 是一个返回编码器当前转速值的函数。随后，计算当前误差，即目标值 setpoint 与当前值 input 之间的差值，并将其存储在 error 变量中。将当前误差累加到积分变量 integral 中，以便计算积分部分。

计算微分部分时，通过 error - previousError 得到当前误差与前一个误差之间的差值，并将其存储在 derivative（PID 控制器的三个核心组成部分之一，即P比例、I积分、D微分，通过计算误差的变化率来预测系统的未来行为，从而抑制超调、提高稳定性，并加快系统响应速度）变量中。根据PID公式，控制量 output 通过 Kp * error + Ki * integral + Kd * derivative 计算得出。然后使用 analogWrite(speedPin, constrain(output, 0, 255)) 将计算出的控制量限制在0～255范围内，并应用到PWM输出上，从而控制电机的转速。在完成上述计算后，将当前误差保存到 previousError 变量中，为下一个周期的微分计算做准备。最后调用 delay(100) 函数延时100毫秒，等待下一次循环。这一延时操作确保了PID控制循环的稳定性，并控制更新频率。

综上所述，这段代码通过PID控制算法实现了对系统的精确控制。比例、积分和微分3部分共同作用，调整控制输出，优化系统的响应。通过实时计算和调整，PID控制器可以有效地使系统状态逼近设定的目标值，提高系统的性能和稳定性。

下面展示一段代码示例。

```
// 引脚定义
const int dirPin1 = 2; // 定义方向引脚1
```

```
const int dirPin2 = 3; // 定义方向引脚 2
const int speedPin = 9; // 定义速度引脚
const int encoderPin = 2; // 定义编码器引脚
// PID 参数
double Kp = 2.0; // 比例系数
double Ki = 0.5; // 积分系数
double Kd = 1.0; // 微分系数
double setpoint = 100; // 目标转速
double input = 0; // 当前转速
double output = 0; // PWM 控制量
// PID 计算相关变量
double prevError = 0; // 上一个误差
double integral = 0; // 积分项
// 定义编码器计数值
volatile int encoderValue = 0;
void setup() {
  // 初始化引脚
  pinMode(dirPin1, OUTPUT); // 设置方向引脚 1 为输出模式
  pinMode(dirPin2, OUTPUT); // 设置方向引脚 2 为输出模式
  pinMode(speedPin, OUTPUT); // 设置速度引脚为输出模式
  // 初始化编码器引脚
  pinMode(encoderPin, INPUT); // 设置编码器引脚为输入模式
   attachInterrupt(digitalPinToInterrupt(encoderPin), encoderISR, RISING); // 在编码器引脚上附加中断服务程序
  // 初始化串口
  Serial.begin(9600); // 设置串口波特率为 9600
}
void loop() {
  // 计算当前转速
  input = encoderValue; // 将编码器计数值赋给输入变量
  encoderValue = 0; // 重置编码器计数值
  // 计算 PID 控制量
  double error = setpoint - input; // 计算误差
  integral += error; // 积分项累加
  double derivative = error - prevError; // 微分项
  prevError = error; // 更新上一个误差
  // PID 输出计算
  output = Kp * error + Ki * integral + Kd * derivative;
  // 限制 PID 输出在有效范围内
  if (output > 255) {
    output = 255;
  } else if (output < 0) {
    output = 0;
```

```
    }
    // 应用控制量
    analogWrite(speedPin, output); // 将 PID 计算出的输出值应用到速度引脚
    // 输出当前状态
    Serial.print("Setpoint: "); // 输出目标转速
    Serial.print(setpoint); // 输出目标转速值
    Serial.print(" Input: "); // 输出当前转速
    Serial.print(input); // 输出当前转速值
    Serial.print(" Output: "); // 输出控制量
    Serial.println(output); // 输出控制量值并换行
    // 延时 1 秒
    delay(1000); // 延时 1 秒
}
void encoderISR() {
    encoderValue++; // 编码器中断服务程序,每次触发时将编码器计数值加 1
}
```

这段代码结合了PID控制和编码器反馈,实现了对电机转速的闭环控制。通过调节Kp、Ki和Kd参数(Kp、Ki 和 Kd 是三个关键参数,分别代表比例Proportional、积分Integral和微分Derivative控制的权重,它们共同决定了控制器的动态响应特性,直接影响系统的稳定性、响应速度和稳态精度),可以优化系统的响应速度和稳定性。程序通过中断读取编码器信号,并在主循环中调用PID算法计算控制量。最终,通过PWM信号调节电机速度,实现精确控制。这种方法在实际应用中具有广泛的适用性,能够满足各种电机控制需求。

PID控制算法具有广泛的应用。例如,在无人驾驶车辆中,通过PID控制算法,可以实现车辆的自动跟踪和路径控制。PID控制器根据传感器反馈,实时调整车辆的方向和速度,以保证其按照预定路径行驶。此外,在工业自动化中,PID控制算法广泛应用于温度、压力、流量等参数的精确控制。通过PID控制,可以实现生产过程的自动化和精细化管理,从而提高生产效率和产品质量。

在实际应用中,PID控制器的设计和调试需要考虑多个因素。例如,系统的动态特性、噪声干扰、传感器精度等都会影响PID控制的效果。为了提高PID控制的性能,通常需要进行系统建模和仿真分析,以优化PID参数。此外,还可以结合其他控制算法,如模糊控制、自适应控制等,进一步提高系统的控制性能。

综上所述,电机PWM控制技术在Arduino项目中具有广泛应用。通过PWM信号的调节,可以实现对电机的精确控制。同时,结合传感器反馈和PID控制算

法，可以进一步提高控制系统的性能和稳定性。这些技术的应用不仅提升了电机控制的效率和精度，也为各种自动化和智能化应用提供了坚实基础。在未来的发展中，随着技术的不断进步和创新，电机控制技术将会在更多领域中发挥重要作用。

实战项目10　蓝牙串口通信和舵机控制

在现代电子项目中，蓝牙通信和舵机控制技术的结合具有广泛的应用前景。Arduino作为一种灵活易用的开发平台，广泛应用于蓝牙串口通信和舵机控制。本文将详细探讨基于Arduino的蓝牙串口通信与舵机控制技术，通过理论结合实际项目案例，深入解析相关技术原理与实现方法。

蓝牙是一种短距离无线通信技术，广泛应用于各种电子设备之间的数据传输。蓝牙串口通信是通过模拟传统串行端口通信的方式，实现设备之间无线数据交换的。基于Arduino的蓝牙串口通信，通常使用HC-05或HC-06蓝牙模块（两种常见的低成本蓝牙串口通信模块，广泛应用于嵌入式系统的无线数据传输），这些模块通过串口接口与Arduino连接，能够实现稳定的数据传输。

蓝牙模块有多种工作模式，包括主从模式、命令模式和数据传输模式。在主模式下，蓝牙模块可以主动搜索并连接其他蓝牙设备；在从模式下，模块等待其他设备的连接请求。命令模式用于设置蓝牙模块的参数，包括设备名称和波特率。数据传输模式则用于实际的数据交换。

舵机是一种精确控制角度的执行器，广泛应用于机器人、航模等领域。舵机通过接收PWM信号，按照设定的占空比调整输出轴的位置。Arduino通过生成PWM信号，可以实现对舵机角度的精确控制。

PWM（脉宽调制）信号通过调节信号的占空比，即高电平时间与周期的比值，控制舵机的位置。高占空比意味着舵机轴转向大角度，而低占空比则意味着舵机轴转向小角度。通过Arduino的analogWrite函数能够非常方便地生成PWM信号，并且通过调整参数，可以改变舵机的角度。

在实际项目中，首先需要完成Arduino与蓝牙模块、舵机的硬件连接。蓝牙模块的TXD引脚（发送数据的缩写，即Tansmit Data，串行通信中用于发送数据的信号线。它通常与 RXD配对使用，实现设备间的双向数据传输）连接Arduino的RX引脚（接收，即Receive的缩写，在电子通信中通常指接收数据线，常见于串行通信协议，它的核心作用是接收来自其他设备发送的数据，与 TX配对使用），

RXD引脚（接收数据，即Receive Data的缩写，是串行通信中用于接收外部设备发送来的数据的信号线。它与 TXD配对使用）连接TX引脚（发送，即Transmit的缩写，在电子通信中通常指发送数据线，是串行通信中的核心信号线，它的作用是将当前设备的数据发送给外部设备，与 RX配对使用），同时连接电源和地线。舵机的信号引脚连接Arduino的PWM输出引脚，电源和地线连接相应的电源。

硬件连接完成后，需要编写Arduino程序，实现蓝牙数据接收和舵机控制。下面是一个具体的实现代码示例。

```
#include <ESP32Servo.h> // 引入 ESP32 舵机控制库
// 创建舵机对象
Servo myservo; // 定义一个舵机对象，名称为 myservo
// 定义蓝牙模块的串口
#define BluetoothSerial Serial2 // 使用宏定义将 Serial2 重命名为 BluetoothSerial，便于后续代码使用
// 舵机连接的引脚
const int servoPin = 13; // 定义舵机连接的引脚为 GPIO13
void setup() {
    // 初始化舵机
    myservo.attach(servoPin); // 将舵机连接到指定的引脚
    // 初始化蓝牙接口
    BluetoothSerial.begin(9600); // 设置蓝牙串口波特率为 9600，初始化蓝牙通信
    // 初始化串口用于调试
    Serial.begin(115200); // 设置串口波特率为 115200，初始化串口调试
    Serial.println("Bluetooth Servo Control Ready"); // 输出调试信息
}
void loop() {
    // 检查是否有蓝牙数据可读
    if (BluetoothSerial.available()) { // 如果蓝牙串口有可用数据，则返回 true
        // 读取蓝牙数据
        int angle = BluetoothSerial.parseInt(); // 从蓝牙串口读取整数数据，并赋值给变量 angle
        // 输出调试信息
        Serial.print("Received angle: "); // 输出调试信息
        Serial.println(angle); // 输出接收到的角度值
        // 控制舵机角度
        if (angle >= 0 && angle <= 180) { // 检查读取的角度值是否在 0～180 度范围内
            myservo.write(angle); // 如果角度值有效，控制舵机转动到指定角度
            Serial.print("Servo angle set to: "); // 输出调试信息
            Serial.println(angle); // 输出设置的角度值
        } else {
```

```
      Serial.println("Invalid angle received"); // 如果角度值无效,输出调试信息
    }
  }
}
```

在上述代码中，通过创建Servo对象并初始化，能够控制连接到指定引脚的舵机。程序首先初始化蓝牙串口，并在主循环中不断检查是否有蓝牙数据接收。一旦接收到数据，将其解析为角度值，并控制舵机转动到相应的角度。

在智能小车项目中，可以通过蓝牙串口通信实现远程控制。将两个舵机分别连接到小车的前轮和后轮，通过蓝牙模块接收移动设备发送的控制命令，调整舵机的角度，实现小车的前进、后退、转向等功能。具体实现包括硬件连接、数据协议设计及软件编程。

在硬件连接方面，将前轮舵机和后轮舵机分别连接到Arduino的两个PWM输出引脚。蓝牙模块的连接方式与前述类似。在数据协议设计方面，可以定义简单的字符命令。在软件编程方面，通过读取蓝牙数据，根据不同的命令控制对应的舵机角度，达到控制小车的目的。

遥控机器人臂是另一个常见的应用案例。通过蓝牙模块接收移动设备的控制指令，控制多个舵机，实现机器人臂的各关节运动。具体实现包括多个舵机的硬件连接、蓝牙模块的连接、数据协议设计和Arduino编程。

在硬件连接方面，将每个舵机连接到不同的PWM引脚，蓝牙模块连接方式与此相同。在数据协议设计方面，可以定义不同的指令集，如"J1 90"表示将舵机1转动到90度。在Arduino编程方面，通过解析蓝牙数据，根据不同的指令控制相应的舵机，实现机器人臂的精确运动。

在实际应用中，可能需要同时处理多个任务，如接收蓝牙数据、控制舵机、监测传感器状态等。为了提高系统性能和响应速度，可以引入多任务处理机制。在Arduino平台上，可以通过使用定时器中断或引入多任务管理库，如FreeRTOS（一款开源的实时操作系统，适用于嵌入式系统，支持多任务处理），实现多任务并行处理。

在蓝牙通信过程中，可能会出现数据丢失或错误传输等情况。为了保证系统的稳定性和可靠性，可以引入数据校验机制，如CRC（Cyclic Redundancy Check，循环冗余校验，一种数据校验方法，用于检测数据传输或存储中的错误）校验。在接收数据时，进行校验并根据结果判断数据是否有效。同时，设计

合理的错误处理机制，在检测到错误时进行相应的处理，如重传或报警。

在一些应用场景中，数据传输的安全性至关重要。蓝牙通信虽然方便，但在公开场合容易受到干扰或窃听。可以通过增加加密算法，增强数据传输的安全性。在Arduino平台上，可以使用AES（Advanced Encryption Standard，高级加密标准，一种对称加密算法，用于保护数据安全）、DES（Data Encryption Standard，数据加密标准，一种较早的对称加密算法，安全性较AES低）等加密算法，对传输的数据进行加密处理。

基于Arduino的蓝牙串口通信与舵机控制技术，通过理论结合实际项目案例，展示了其在智能小车、遥控机器人臂等领域的广泛应用。通过详细解析硬件连接、软件编程及技术扩展，本实战项目提供了系统的技术指导。未来，随着技术的不断发展和优化，基于Arduino的蓝牙通信与舵机控制将会有更加广泛和深入的应用，推动更多智能化、自动化项目的发展。

在实际应用中，大家通过不断探索和优化，可以进一步提升系统性能和可靠性，满足更复杂、更高要求的项目需求。通过理论与实践相结合，不断积累经验和知识，将能够在这一领域取得更大的突破和成就。

在上述内容的基础上，下面详细介绍两个实际项目案例，以进一步展示如何基于Arduino平台实现蓝牙串口通信与舵机控制的具体应用。通过智能小车控制和遥控机器人臂两个实例，深入解析硬件连接、数据协议设计、软件编程和系统优化。

（1）智能小车控制。

智能小车项目通过蓝牙通信实现远程控制，具体硬件连接如下：

① 分别将前轮舵机和后轮舵机连接到Arduino的两个PWM输出引脚上。

② 将蓝牙模块的TXD引脚与Arduino的RX引脚连接，将RXD引脚与TX引脚连接，同时连接电源和地线。

③ 小车电源系统为舵机和Arduino提供稳定的电压和电流。

④ 在数据协议设计方面，采用简单的字符命令，如'F'表示前进，'B'表示后退，'L'表示左转，'R'表示右转，具体的软件编程代码如下。

```
#include <ESP32Servo.h>  // 引入 ESP32 特有的舵机控制库
// 定义前轮和后轮的舵机对象
Servo frontServo;    // 前轮舵机对象
Servo backServo;     // 后轮舵机对象
```

```
// 定义蓝牙模块的串口
#define BluetoothSerial Serial  // 定义蓝牙串口
// 定义前轮和后轮舵机连接的引脚
const int frontServoPin = 9;   // 将前轮舵机连接到数字引脚 9 上
const int backServoPin = 10;   // 将后轮舵机连接到数字引脚 10 上
void setup() {
  frontServo.setPeriodHertz(50);  // 设置前轮舵机的频率为 50 赫兹
  frontServo.attach(frontServoPin);  // 将前轮舵机连接到指定的引脚上
  backServo.setPeriodHertz(50);   // 设置后轮舵机的频率为 50 赫兹
  backServo.attach(backServoPin);    // 将后轮舵机连接到指定的引脚上
  BluetoothSerial.begin(9600);  // 设置蓝牙串口波特率为 9600,初始化蓝牙通信
}

void loop() {
  if (BluetoothSerial.available()) {  // 检查蓝牙串口是否有可用数据
    char command = BluetoothSerial.read();  // 从蓝牙串口读取一个字符数据,并赋值给变量 command
    switch (command) {  // 根据读取的命令控制舵机
      case 'F':  // 如果命令是 'F'
        frontServo.write(90);  // 前进:将前轮舵机角度设置为 90 度
        backServo.write(90);   // 前进:将后轮舵机角度设置为 90 度
        break;
      case 'B':  // 如果命令是 'B'
        frontServo.write(0);   // 后退:将前轮舵机角度设置为 0 度
        backServo.write(0);    // 后退:将后轮舵机角度设置为 0 度
        break;
      case 'L':  // 如果命令是 'L'
        frontServo.write(45);  // 左转:将前轮舵机角度设置为 45 度
        break;
      case 'R':  // 如果命令是 'R'
        frontServo.write(135); // 右转:将前轮舵机角度设置为 135 度
        break;
    }
  }
}
```

在上述代码中,分别创建了前轮舵机和后轮舵机对象,并将其连接到指定的 PWM 引脚上。该程序通过蓝牙串口接收移动设备发送的字符命令,根据不同命令控制对应的舵机角度,实现小车的前进、后退和转向。

(2)遥控机器人臂。

遥控机器人臂项目通过蓝牙通信控制多个舵机,实现机器人臂的各关节运动,具体硬件连接如下。

① 分别将多个舵机连接到Arduino的不同PWM输出引脚上。

② 将蓝牙模块的TXD引脚与Arduino的RX引脚连接,将RXD引脚与TX引脚连接,同时连接电源和地线。

③ 在数据协议设计方面,可以定义不同的指令集,如"J1 90"表示将舵机1转动到90度,具体的软件编程代码如下。

```
#include <ESP32Servo.h>  // 引入 ESP32 专用的舵机控制库
// 创建舵机对象
Servo joint1;  // 第一个关节舵机
Servo joint2;  // 第二个关节舵机
Servo joint3;  // 第三个关节舵机
// 定义蓝牙模块的串口
#define BluetoothSerial Serial  // 使用默认的串口作为蓝牙串口
// 定义舵机连接的引脚
const int joint1Pin = 9;   // 将第一个关节舵机连接到数字引脚 9 上
const int joint2Pin = 10;  // 将第二个关节舵机连接到数字引脚 10 上
const int joint3Pin = 11;  // 将第三个关节舵机连接到数字引脚 11 上
void setup() {
  joint1.setPeriodHertz(50);  // 设置第一个关节舵机的频率为 50 赫兹
  joint1.attach(joint1Pin);   // 将第一个关节舵机连接到指定的引脚上
  joint2.setPeriodHertz(50);  // 设置第二个关节舵机的频率为 50 赫兹
  joint2.attach(joint2Pin);   // 将第二个关节舵机连接到指定的引脚上
  joint3.setPeriodHertz(50);  // 设置第三个关节舵机的频率为 50 赫兹
  joint3.attach(joint3Pin);   // 将第三个关节舵机连接到指定的引脚上
  BluetoothSerial.begin(9600);  // 设置蓝牙串口波特率为 9600,初始化蓝牙通信
}
void loop() {
  if (BluetoothSerial.available()) {  // 检查是否有蓝牙数据可读
    String command = BluetoothSerial.readStringUntil('\n');  // 从蓝牙串口读取一行字符串数据,并赋值给变量 command
    int angle = command.substring(3).toInt();  // 从字符串的第 4 个字符开始提取角度值并转换为整数
    if (command.startsWith("J1")) {  // 如果命令以 "J1" 开头
      joint1.write(angle);  // 设置第一个关节舵机的角度
    } else if (command.startsWith("J2")) {  // 如果命令以 "J2" 开头
      joint2.write(angle);  // 设置第二个关节舵机的角度
    } else if (command.startsWith("J3")) {  // 如果命令以 "J3" 开头
```

```
    joint3.write(angle); // 设置第三个关节舵机的角度
  }
 }
}
```

在上述代码中，分别创建了3个舵机对象，并将其连接到指定的PWM引脚上。该程序通过蓝牙串口接收移动设备发送的字符串命令，根据命令解析角度值并控制相应的舵机，实现机器人臂的精确运动。

在实际应用中，系统可能需要同时处理多个任务，如接收蓝牙数据、控制舵机、监测传感器状态等。为提高系统性能和响应速度，可以引入多任务处理机制。在Arduino平台上，可以通过使用定时器中断或引入多任务管理库，如FreeRTOS，实现多任务并行处理。

使用定时器中断可以在特定时间间隔内执行预定任务，而不影响主循环的执行。例如，可以使用TimerOne库（一个专为Arduino设计的定时器中断库，用于在ATmega328P或类似微控制器上配置和使用TimerOne硬件定时器，以实现精确的定时任务）实现每隔一定的时间进行一次数据采集或舵机控制。以下是一个使用TimerOne库的示例。

```
#include <ESP32Servo.h> // 引入 ESP32 专用的舵机控制库
#include <freertos/FreeRTOS.h> // 引入 FreeRTOS 库
#include <freertos/task.h> // 引入 FreeRTOS 任务管理库
Servo myservo; // 创建舵机对象
const int servoPin = 9; // 定义舵机连接的引脚
void TaskBluetooth(void *pvParameters); // 蓝牙任务函数声明
void TaskServo(void *pvParameters); // 舵机任务函数声明
void setup() {
  myservo.setPeriodHertz(50); // 设置舵机频率为 50 赫兹
  myservo.attach(servoPin); // 初始化舵机，将其连接到指定的引脚上
  Serial.begin(9600); // 初始化串口通信，波特率设置为 9600
  // 创建 FreeRTOS 任务
  xTaskCreate(
    TaskBluetooth, // 任务函数
    "Bluetooth", // 任务名称
    2048, // 任务堆栈大小（调整以适应需求）
    NULL, // 任务参数
    1, // 任务优先级
    NULL // 任务句柄
  );
```

```cpp
  xTaskCreate(
    TaskServo, // 任务函数
    "Servo", // 任务名称
    2048, // 任务堆栈大小（调整以适应需求）
    NULL, // 任务参数
    1, // 任务优先级
    NULL // 任务句柄
  );
}
void loop() {
  // 主循环为空，由 FreeRTOS 管理任务
}
void TaskBluetooth(void *pvParameters) {
  (void) pvParameters; // 避免未使用参数警告
  for (;;) { // 无限循环任务
    if (Serial.available()) { // 检查是否有串口数据可读
      int angle = Serial.parseInt(); // 读取串口数据并转换为整数
      if (angle >= 0 && angle <= 180) { // 如果角度在 0 ～ 180 度范围内
        myservo.write(angle); // 控制舵机
      }
    }
    vTaskDelay(10 / portTICK_PERIOD_MS); // 任务延时 10 毫秒
  }
}
void TaskServo(void *pvParameters) {
  (void) pvParameters; // 避免未使用参数警告
  for (;;) { // 无限循环任务
    // 可以添加其他舵机控制逻辑
    vTaskDelay(1000 / portTICK_PERIOD_MS); // 任务延时 1000 毫秒
  }
}
```

上述代码创建了两个任务，分别处理蓝牙数据接收和舵机控制。FreeRTOS 会自动调度和管理这两个任务，实现多任务并行处理。

在蓝牙通信过程中，可能会出现数据丢失或错误传输等情况。为了保证系统的稳定性和可靠性，可以引入数据校验机制，如CRC校验。在接收数据时，进行校验并根据结果判断数据是否有效。同时，设计合理的错误处理机制，在检测到错误时进行相应的处理，如重传或报警。

CRC是一种常用的校验方法，通过在数据后附加校验码，可以检测和纠正传输中的错误，以下是一个简单的CRC校验示例。

```cpp
#include <ESP32Servo.h> // 引入 ESP32 专用的舵机控制库
#include <freertos/FreeRTOS.h> // 引入 FreeRTOS 库
#include <freertos/task.h> // 引入 FreeRTOS 任务管理库
// CRC 计算函数
unsigned int calculateCRC(const byte *data, size_t length) {
  unsigned int crc = 0xFFFF; // 初始化 CRC 值为 0xFFFF
  for (size_t i = 0; i < length; i++) {
    crc ^= data[i]; // 将当前数据字节与 CRC 寄存器的内容进行异或操作
    for (byte j = 0; j < 8; j++) {
      if (crc & 0x01) { // 检查 CRC 寄存器的最低位是否为 1
        crc = (crc >> 1) ^ 0xA001; // 如果最低位为 1,将 CRC 寄存器右移一位,然后与 0xA001 进行异或
      } else {
        crc >>= 1; // 如果最低位为 0,仅将 CRC 寄存器右移一位
      }
    }
  }
  return crc; // 返回计算得到的 CRC 值
}
// CRC 校验函数
bool checkData(const byte *data, size_t length, unsigned int receivedCRC) {
  return calculateCRC(data, length) == receivedCRC; // 计算数据的 CRC 值并与接收到的 CRC 值进行比较
}
Servo myservo; // 创建舵机对象
const int servoPin = 9; // 定义舵机连接的引脚
void TaskBluetooth(void *pvParameters); // 蓝牙任务函数声明
void TaskServo(void *pvParameters); // 舵机任务函数声明
void setup() {
  myservo.setPeriodHertz(50); // 设置舵机频率为 50 赫兹
  myservo.attach(servoPin); // 初始化舵机,将其连接到指定的引脚上
  Serial.begin(9600); // 初始化串口通信,设置波特率为 9600
  // 创建 FreeRTOS 任务
  xTaskCreate(
    TaskBluetooth, // 任务函数
    "Bluetooth", // 任务名称
    2048, // 任务堆栈大小(调整以适应需求)
    NULL, // 任务参数
    1, // 任务优先级
    NULL // 任务句柄
  );
  xTaskCreate(
    TaskServo, // 任务函数
```

```
    "Servo", // 任务名称
    2048, // 任务堆栈大小（调整以适应需求）
    NULL, // 任务参数
    1, // 任务优先级
    NULL // 任务句柄
  );
}
void loop() {
  // 主循环为空，由 FreeRTOS 管理任务
}
void TaskBluetooth(void *pvParameters) {
  (void) pvParameters; // 避免未使用参数警告
  for (;;) { // 无限循环任务
    if (Serial.available()) { // 检查是否有串口数据可读
      int angle = Serial.parseInt(); // 读取串口数据并转换为整数
      if (angle >= 0 && angle <= 180) { // 如果角度在 0～180 度范围内
        myservo.write(angle); // 控制舵机
      }
    }
    vTaskDelay(10 / portTICK_PERIOD_MS); // 任务延时 10 毫秒
  }
}
void TaskServo(void *pvParameters) {
  (void) pvParameters; // 避免未使用参数警告
  for (;;) { // 无限循环任务
    // 可以添加其他舵机控制逻辑
    vTaskDelay(1000 / portTICK_PERIOD_MS); // 任务延时 1000 毫秒
  }
}
```

在实际应用中，可以在发送数据时计算CRC校验码，并在接收数据时进行校验。如发现数据错误，可以请求重传或进行相应的错误处理。

（3）提高安全性。

在一些应用场景中，数据传输的安全性至关重要。蓝牙通信虽然方便，但在公开场合容易受到干扰或窃听。此时可以通过增加加密算法，提高数据传输的安全性。在Arduino平台上，可以使用AES、DES等加密算法，对传输的数据进行加密处理。

AES是一种常用的对称加密算法，具有较高的安全性和性能，以下是一个简单的AES加密示例。

```
#include <Arduino.h>   // 引入 Arduino 核心库
#include <mbedtls/aes.h>   // 引入 mbedtls AES 加密库

const byte key[16] = {   // 定义 128 位 AES 密钥，长度为16 字节
  0x12, 0x34, 0x56, 0x78,   // 密钥数据，长度为16 字节
  0x90, 0x12, 0x34, 0x56,
  0x78, 0x90, 0x12, 0x34,
  0x56, 0x78, 0x90, 0x12
};
mbedtls_aes_context aes;   // 创建 mbedtls AES 上下文对象
void setup() {
  Serial.begin(9600);   // 初始化串口，设置波特率为9600
  mbedtls_aes_init(&aes);   // 初始化 AES 加密上下文
  mbedtls_aes_setkey_enc(&aes, key, 128);   // 设置 AES 加密密钥
}
void loop() {
  byte plainText[16] = {   // 定义待加密的明文数据，长度为16 字节
    0x48, 0x65, 0x6c, 0x6c,   // 对应 "Hello, World!" 的 ASCII 码
    0x6f, 0x2c, 0x20, 0x57,
    0x6f, 0x72, 0x6c, 0x64,
    0x21, 0x00, 0x00, 0x00
  };
  byte cipherText[16];   // 定义用于存储加密后的密文数据的数组，大小为16 字节
  mbedtls_aes_crypt_ecb(&aes, MBEDTLS_AES_ENCRYPT, plainText, cipherText);   // 执行 AES 加密
  Serial.write(cipherText, 16);   // 将加密后的密文数据通过串口发送出去
  delay(1000);   // 延时1000 毫秒（1 秒），使得每秒发送一次加密数据
}
```

在实际应用中，可以对发送的数据进行加密，并在接收端进行解密。这样，即使数据在传输过程中被截获，人们也无法直接读取到有用的信息，提高了系统的安全性。

通过前面对蓝牙串口通信与舵机控制技术的深入探讨和案例分析内容，读者可以更好地理解和应用这项技术。智能小车和遥控机器人臂项目展示了如何通过蓝牙通信实现远程控制，以及如何利用PWM信号精确控制舵机。通过引入多任务处理、数据校验和加密算法，用户可以进一步提高系统的性能和安全性，满足更加复杂和高要求的应用需求。

未来，随着技术的不断发展和优化，基于Arduino的蓝牙通信与舵机控制技术将会有更加广泛和深入的应用。通过不断探索和创新，人们可以实现更多智能

化、自动化项目，推动科技进步和社会发展。在这个过程中，理论与实践相结合尤为重要，通过实际项目的积累和总结，人们能够不断提升技术水平，取得更大的成就。

3.5 EUNO 主板控制传感器

实战项目11 声音传感器LED灯控制

在现代电子项目中，声音传感器与LED灯的结合应用极为广泛。通过Arduino平台，人们可以方便地实现声音传感器对LED灯的控制。这一技术在智能家居、安防系统及交互式装置中具有重要的应用价值。本实战项目将详细介绍如何利用Arduino开发板，通过声音传感器控制LED灯，并全面解析相关技术原理和实现方法。

（1）声音传感器与Arduino应用的基础原理。

声音传感器是一种能够感知声音并将其转化为电信号的装置。常见的声音传感器模块一般包含一个麦克风，用于捕捉环境中的声音信号，以及一个信号处理电路，用于将麦克风捕捉到的声音信号转换为模拟或数字信号输出。Arduino可以读取这些信号，并根据设定的逻辑控制外部设备，如LED灯。

声音传感器的工作原理基于声波的机械振动。当麦克风捕捉到声音后，会将声波转换为电压信号。这个信号经过放大和滤波处理，最终被输出为电平信号。这个信号可以是模拟电压，表示声音的强度，也可以是数字信号，用于简单的声音检测。

在常见的声音传感器模块中，有3个引脚分别用于电源（VCC）、地（GND）和信号输出（OUT）。当环境中的声音达到一定的阈值时，传感器输出引脚会产生一个高电平信号，否则为低电平。Arduino通过读取这个信号，可以判断当前环境中是否有显著的声音变化。

在实际应用中，声音传感器模块通过引脚与Arduino连接。通常将传感器的VCC引脚连接到Arduino的5V电源引脚，将GND引脚连接到Arduino的地引脚，将OUT引脚连接到Arduino的数字输入引脚。通过这样的连接方式，Arduino可以实时读取声音传感器的输出信号。

以下是一个简单的Arduino程序，通过读取声音传感器的信号，实现对LED

灯的控制。当传感器检测到声音时，LED灯会点亮；若没有检测到声音，LED灯会熄灭。

```
#include <Arduino.h>   // 引入 Arduino 核心库
// 定义引脚
const int soundSensorPin = 6;  // 声音传感器信号引脚
const int ledPin = 13;  // LED 灯引脚
void setup() {
  // 初始化串口通信
   Serial.begin(115200);   // 设置串口通信的波特率为115200, 使得数据传输速率为115200 位每秒
  // 设置引脚模式
  pinMode(ledPin, OUTPUT);   // 将 LED 灯引脚设置为输出模式, 以便控制 LED 的状态
  pinMode(soundSensorPin, INPUT_PULLUP);   // 将声音传感器引脚设置为输入模式, 并启用内部上拉电阻
}
void loop() {
  // 读取声音传感器信号
  int soundState = digitalRead(soundSensorPin);   // 从声音传感器引脚读取数字信号状态, 存储到 soundState 变量中
  // 根据声音传感器信号控制 LED 灯
  if (soundState == LOW) {   // 如果声音传感器检测到声音（LOW 表示声音触发）
    digitalWrite(ledPin, HIGH);   // 点亮 LED 灯（设置 LED 灯引脚为高电平）
  } else {
    digitalWrite(ledPin, LOW);   // 熄灭 LED 灯（设置 LED 灯引脚为低电平）
  }
  // 打印声音传感器状态到串口监视器
  Serial.println(soundState);   // 将声音传感器的状态值打印到串口监视器, 便于观察传感器的状态
  // 短暂延时, 避免信号抖动
  delay(100);   // 延时 100 毫秒, 以减少信号抖动对读取结果的影响
}
```

在上述代码中，通过digitalRead函数读取声音传感器的输出信号，根据信号的高低电平控制LED灯的状态。同时，使用Serial.println函数将声音传感器的状态输出到串口监视器，方便调试和观察。

（2）项目案例分析与扩展应用。

① 智能家居中的应用。

在智能家居系统中，声音传感器可以用于环境声音检测，自动控制照明设备。例如，当有人进入房间并发出声音时，声音传感器检测到声音信号，

Arduino控制LED灯自动点亮；在无人时，LED灯则自动熄灭。这样可以实现智能照明控制，提高家居环境的便利性和节能效果。

实现这一功能的关键在于合理设置声音传感器的阈值，避免环境噪声导致误触发。此时可以通过调整传感器模块上的电位器，设置合适的灵敏度阈值。

② 安防系统中的应用。

声音传感器还可以用于安防系统中，检测异常声音并触发报警。例如，在家庭安防系统中，当声音传感器检测到玻璃破碎或门窗被强行打开的声音时，Arduino控制LED灯闪烁或触发蜂鸣器报警。这样可以及时发现和应对潜在的安全威胁。

在这一应用中，可以结合其他传感器（如红外传感器、门磁开关）实现多重检测，提高系统的可靠性和准确性。

在实际应用中，有时需要同时处理多个任务，如声音检测、LED灯控制、数据记录等。为提高系统性能和响应速度，可以引入多任务处理机制。在Arduino平台上，可以使用定时器中断或引入多任务管理库（如FreeRTOS）实现多任务并行处理。

通过定时器中断，可以在固定时间间隔内执行特定任务，如定期读取传感器数据、刷新显示器等。使用FreeRTOS等多任务管理库，则可以创建多个任务，每个任务独立运行，互不干扰，从而提高系统的实时性和稳定性。

- 数据校验与错误处理：在声音传感器采集数据的过程中，可能会出现信号抖动或干扰，导致误触发。为保证系统的稳定性和可靠性，可以引入数据校验和错误处理机制。例如，可以通过软件滤波算法，平滑传感器输出信号，减少噪声干扰。同时，可以设计合理的错误处理机制，在检测到异常数据时进行相应的处理，如重新采样、忽略异常数据等。

- 提高安全性：在一些应用场景中，数据传输的安全性至关重要，此时可以通过增加加密算法，提高数据传输的安全性。例如，在无线通信过程中，可以使用AES、DES等加密算法，对传输的数据进行加密处理，防止数据被窃听或篡改。

- 优化电源管理：在电池供电项目中，优化电源管理可以延长系统的运行时间，而通过低功耗设计，可以减少系统的能耗。例如，在没有声音信号时，可以将Arduino设置为低功耗模式，减少电力消耗；在检测到声音信号时，再恢复到正常工作模式。

首先，需要完成声音传感器与Arduino开发板的硬件连接。将声音传感器的VCC引脚连接到Arduino的5伏电源引脚，将GND引脚连接到Arduino的地引脚，将OUT引脚连接到Arduino的数字输入引脚。将LED灯的正极连接到Arduino的数字输出引脚，将LED灯的负极连接到地。

完成硬件连接后，编写Arduino程序，实现声音检测和LED灯控制。大家可以使用上述示例代码，并根据具体需求进行调整和优化。

在程序调试过程中，通过串口监视器观察声音传感器的输出信号，调整传感器灵敏度和程序逻辑，确保系统能够准确检测声音信号并控制LED灯。

本实战项目基于Arduino的声音传感器LED灯控制技术，展示了其在智能家居、安防系统等领域的广泛应用，并通过详细解析硬件连接、软件编程及技术扩展，为大家提供了系统的技术指导。未来，随着技术的不断发展和优化，基于Arduino的声音传感器控制将会有更加广泛和深入的应用，推动更多智能化、自动化项目的发展。

此外，结合其他传感器和控制技术，可以实现更多功能，如环境监测、语音识别、智能控制等，为智能家居和物联网应用提供更加丰富的解决方案。

实战项目12　超声波测距串口显示

超声波测距技术作为一种广泛应用于机器人、自动化控制及智能设备中的核心技术，其通过非接触方式实现对目标物体距离的精确测量，具有灵敏度高、可靠性强等优点。基于Arduino平台，利用超声波传感器进行测距并通过串口显示，是一个典型的入门项目。本实战项目将详细介绍这一技术的基本原理、硬件连接及编程实现，旨在为读者提供全面的指导和深入的理解。

超声波测距原理基于声波在空气中的传播速度，通过测量声波从发射到反射回来的时间差，计算出目标物体的距离。具体而言，超声波传感器会发出一定频率的声波，这些声波在遇到物体后会被反射回来，传感器接收到反射波后，根据声波在空气中的传播速度（约340米/秒）和传播时间计算出距离。

设声波从发射到接收的时间为t，声波在空气中的传播速度为v，则距离d可以通过公式$d=(vt)/2$计算得出。由于声波往返一次的时间包含从传感器到目标物体的往返时间，因此计算距离时需要将时间除以2。

在实际应用中，常用的超声波传感器模块如HC-SR04（HC-SR，一种常用的超声波测距传感器模块），包含一个发射器和一个接收器，并具有简单的四引脚设计：VCC、GND、Trig（超声波传感器中的Trig引脚，用于触发超声波脉冲的发射）和Echo（超声波传感器中的Echo引脚，用于返回超声波从发射到接收的时间差，从而计算被测物体的距离）。VCC接电源正极，GND接地，Trig为触发引脚，用于发出超声波脉冲信号，Echo为回波引脚，用于接收反射回来的信号。

将HC-SR04连接到Arduino开发板时，一般的连接方式如下。

（1）将VCC连接Arduino的5伏电源引脚。

（2）将GND连接Arduino的GND引脚。

（3）将Trig连接Arduino的数字输出引脚。

（4）将Echo连接Arduino的数字输入引脚。

通过编程实现超声波测距的程序编写主要包括以下几个步骤。

（1）初始化引脚及串口通信。

（2）发送触发信号。

（3）接收回波信号并计算时间差。

（4）根据时间差计算距离并输出结果。

以下是一个实现超声波测距并通过串口显示的Arduino代码示例。

```
#include <Arduino.h>    // 引入 Arduino 核心库
// 定义引脚
const int trigPin = 9;  // Trig 引脚，用于触发超声波信号的发送
const int echoPin = 10; // Echo 引脚，用于接收超声波反射回来的信号
void setup() {
  // 初始化串口通信
  Serial.begin(9600);   // 设置串口通信的波特率为 9600，用于与计算机进行数据交换
  // 设置引脚模式
  pinMode(trigPin, OUTPUT);  // 将 Trig 引脚设置为输出模式，用于发送触发信号
  pinMode(echoPin, INPUT);   // 将 Echo 引脚设置为输入模式，用于接收超声波信号
}
void loop() {
  // 发送触发信号
  digitalWrite(trigPin, LOW);   // 将 Trig 引脚设置为低电平
  delayMicroseconds(2);         // 延时 2 微秒以确保引脚状态稳定
  digitalWrite(trigPin, HIGH);  // 将 Trig 引脚设置为高电平，触发超声波信号的发送
  delayMicroseconds(10);        // 延时 10 微秒以确保足够的时间发送超声波信号
  digitalWrite(trigPin, LOW);   // 将 Trig 引脚设置为低电平，停止发送信号
  // 读取回波信号的持续时间
  long duration = pulseIn(echoPin, HIGH);  // 读取 Echo 引脚为高电平的持续时间，单位为微秒
```

```
    // 计算距离
    float distance = (duration * 0.034) / 2;   // 计算距离，0.034 为声速（单位：
厘米/微秒），除以 2 是因为信号往返
    // 输出距离到串口
    Serial.print("距离：");             // 打印"距离："到串口
    Serial.print(distance);             // 打印计算得到的距离值
    Serial.println(" cm");              // 打印" cm"并换行
    // 延时 1 秒
    delay(1000);    // 延时 1000 毫秒（1 秒），以便在下次测量前给传感器足够的时间稳定
}
```

上述代码首先定义了超声波传感器的Trig和Echo引脚，并在setup函数中初始化串口通信和引脚模式。在loop函数中，通过触发引脚发送超声波脉冲信号，并读取回波引脚的持续时间。程序利用公式计算出距离后，通过串口输出结果。

超声波测距技术在多个领域有着广泛的应用，以下是几个典型的案例分析。

（1）智能避障机器人。

在机器人领域，超声波测距技术常用于避障系统。机器人配备多个超声波传感器，能够实时检测前方障碍物的距离，并根据距离信息调整行驶路径，避免碰撞。

通过结合Arduino平台，开发人员可以方便地实现智能避障功能。机器人根据超声波传感器测得距离数据，并利用简单的条件判断语句控制电机的转向和速度。例如，当前方距离小于设定的安全距离时，机器人自动停止或转向，确保安全行驶。

（2）智能停车辅助系统。

超声波测距技术在智能停车辅助系统中也有重要应用。车辆配备的超声波传感器可以实时检测车前和车后障碍物的距离，辅助驾驶员安全停车。

系统通过多个传感器协同工作，提供全面的环境信息。当车辆接近障碍物时，系统通过声光提示或显示屏显示距离信息，帮助驾驶员掌握车距，避免碰撞事故。

（3）环境监测与测绘。

在环境监测与测绘领域，超声波测距技术用于地形测量、水位监测等。便携式超声波测距设备能够快速、准确地获取测量数据，提高人们的工作效率。

利用Arduino开发板，可以构建简易的测绘系统，将传感器测得的距离数据通过无线模块传输至主控设备，实时绘制测量图。该系统结构简单，易于搭建和

维护，适用于野外测量和应急监测。

提高测量精度是超声波测距技术的一个重要方向。常用的方法包括增加传感器数量、优化测量算法和引入误差校正机制。

多传感器协同工作可以减少单个传感器的测量误差，提高整体测量精度。优化测量算法，如通过平均值滤波、中值滤波等方法平滑数据，可以减少环境噪声对测量结果的影响。误差校正机制则通过预先标定传感器，修正系统误差，确保测量结果的准确性。

在实际应用中，可能需要同时处理多个任务，如测距、数据传输、显示等。通过引入多任务处理机制，可以提高系统的响应速度和处理能力。

在Arduino平台上，可以使用定时器中断或多任务管理库（如FreeRTOS）实现多任务并行处理。定时器中断可在固定时间间隔内执行特定任务，如定期读取传感器数据、刷新显示器等。多任务管理库则可创建多个任务，每个任务独立运行，以提高系统的实时性和稳定性。

在采集数据的过程中，可能会出现信号抖动或干扰，导致测量误差。通过引入数据校验和错误处理机制，可以提高系统的稳定性和可靠性。

例如，可以通过软件滤波算法平滑传感器输出信号，减少噪声干扰。同时，设计合理的错误处理机制，在检测到异常数据时进行相应的处理，如重新采样、忽略异常数据等，以确保系统稳定运行。

在电池供电项目中，优化电源管理可以延长系统的运行时间。通过低功耗设计，可以减少系统的能耗。

例如，在没有测量任务时，可以将Arduino设置为低功耗模式，减少电力消耗；在检测到测量任务时，再恢复到正常工作模式。此外，可以通过硬件电源管理模块，智能控制电源开关，从而进一步优化系统的电源管理。

在实际项目中，首先需要完成超声波传感器与Arduino开发板的硬件连接。将超声波传感器的VCC引脚连接到Arduino的5V电源引脚，将GND引脚连接到Arduino的地引脚，将Trig引脚连接到Arduino的数字输出引脚，将Echo引脚连接到Arduino的数字输入引脚。确保连接正确后，编写Arduino程序，实现超声波测距功能。

通过串口监视器观察测距数据，调整传感器位置和程序逻辑，确保系统能够准确测量距离并输出结果。根据项目需求，可以增加数据处理和输出功能，如将测量数据存储到SD卡、通过无线模块传输数据等。

随着技术的发展，超声波测距技术将会在更多领域得到应用和推广。通过与其他传感器和控制技术结合，可以实现更复杂、更智能的功能。

例如，在智能家居中，超声波传感器可以用于环境监测、语音识别、智能控制等，为用户提供更加便捷和智能的生活体验。在工业自动化中，超声波测距技术可以用于设备定位、物体检测、过程控制等，提高生产效率和产品质量。

在科研领域，超声波测距技术也有广泛的应用前景。例如，在气象监测中，超声波传感器可以用于风速测量、气温监测等，为气象预报和环境保护提供数据支持。

通过不断优化和创新，超声波测距技术将会在未来发挥更加重要的作用，为各行业的发展注入新的活力和动力。

本实战项目详细介绍了基于Arduino平台的超声波测距技术的原理、硬件连接、编程实现及实际应用。通过系统的学习和实践，读者可以掌握这一技术的基本知识和应用方法，为后续更复杂的项目开发打下坚实的基础。随着技术的不断进步和应用的不断扩展，超声波测距技术将会在更多领域展示其独特的优势和广阔的应用前景。

3.6　EUNO 主板显示数据

实战项目13　OLED液晶屏显示二维码

（1）OLED液晶显示屏介绍。

OLED显示屏是一种新型的显示设备，与传统的液晶显示屏（LCD）相比，它具有许多显著的优势。OLED显示屏由有机材料制成，这些有机材料在电流通过时能够自发光。相较于LCD技术，OLED显示屏不需要背光源，因为每个像素点本身就是发光的。这一特点使得OLED能够实现更高的对比度和更深的黑色，提供了更加鲜明和清晰的显示效果。

OLED显示屏包括发光层和电极层。发光层由多层有机材料组成，这些有机材料在电流通过时发光。OLED显示屏的电极分为正电极和负电极，其中正电极通常是透明的，以便光线能够透过。电流通过电极，激发有机材料发光，产生可视图像。OLED的这种自发光特性使得它具有更快的响应时间和更广的视角范围，适合用于高动态和高对比度的显示需求。

与传统液晶显示屏（LCD）相比，OLED显示屏有以下几个显著优势。

① 更高的对比度：OLED显示屏能够实现真正的黑色，因为每个像素可以单独关闭。与LCD显示屏的背光源不同，OLED不需要背光层，这使得黑色更加深邃，对比度更高。

② 更广的视角：OLED显示屏的每个像素点独立发光，因此在不同视角下的显示效果几乎不受影响。相比之下，LCD显示屏的视角通常受到背光源和液晶层的影响，导致显示效果在不同的角度下出现色彩和亮度的变化。

③ 更快的响应时间：OLED显示屏的响应时间非常快，适合显示快速移动的图像或视频。与LCD显示屏相比，OLED显示屏能够有效减少运动模糊现象。

④ 更薄的设计：由于OLED显示屏不需要背光层，因此它可以做得更薄。这使得OLED显示屏在需要轻便、紧凑设计的设备中表现出色，例如智能手机和穿戴设备。

然而，OLED显示屏也存在一些缺点，具体如下。

① 寿命问题：有机材料的老化可能导致显示效果下降，特别是蓝色发光材料的寿命较短，这可能会导致屏幕出现烧灼现象，即图像在屏幕上留下残影。

② 成本较高：与LCD显示屏相比，OLED的制造成本通常较高，这是由于OLED显示屏的生产工艺和材料成本较高。

③ 亮度问题：尽管OLED显示屏可以实现非常高的对比度，但在高亮度环境下，某些OLED屏幕的亮度可能不如LCD显示屏。

在选择显示技术时，OLED的优势和劣势需要根据具体的应用需求进行权衡。对于要求高对比度和宽视角的应用，OLED显示屏是一个非常合适的选择。

OLED显示屏的工作原理基于有机发光材料的电致发光特性。当电流通过这些有机材料时，它们会发光。OLED显示屏的发光层由多个有机层组成，其中包括发光层、电子传输层和电极。这些层在不同的电流和电压条件下会产生不同颜色的光。

当电流通过OLED显示屏的电极时，电子通过电子传输层到达发光层，激发有机材料发光。不同颜色的光通过不同的有机材料产生，这些光线最终形成可视图像。

OLED显示屏可以分为主动矩阵OLED（AMOLED）和被动矩阵OLED（PMOLED）两种类型。AMOLED（Active-Matrix Organic Light-Emitting Diode，

一种先进的显示技术，结合了主动矩阵驱动和OLED自发光特性，广泛应用于高端智能手机、电视、智能手表等设备）使用独立的电路控制每个像素点，能够实现更高的分辨率和更快的响应时间。PMOLED（Passive-Matrix Organic Light-Emitting Diode，一种基于OLED技术的显示屏幕，采用被动矩阵驱动方式，主要应用于小尺寸、低功耗的显示设备）则采用简单的行列扫描方式，适用于较小的显示屏和简单的应用。

OLED显示屏由以下几个主要部分组成。

① 基板：OLED显示屏的基板通常由玻璃或塑料材料制成，用于支撑整个显示屏。基板的选择对显示屏的厚度和灵活性有影响。

② 发光层：发光层由有机材料组成，负责产生光线。根据不同的应用需求，发光层可以包含不同的有机材料，以实现各种颜色的光。

③ 电子传输层：电子传输层位于发光层与电极之间，负责提高电流效率，并减少能量损失。

④ 电极：OLED显示屏的电极包括正电极和负电极。正电极通常是透明的，以便光线能够透过显示屏；负电极负责将电流输送到发光层。

⑤ 封装层：封装层用于保护OLED显示屏的内部结构，防止湿气和氧气对有机材料的影响。封装层的质量直接影响显示屏的寿命和稳定性。

⑥ 驱动电路：驱动电路用于控制OLED显示屏的像素点，调节亮度和显示内容。驱动电路的性能对显示效果和响应速度有重要影响。

OLED显示屏的结构设计非常精细，各层之间的配合和材料的选择都会影响显示屏的性能和寿命。在实际应用中，OLED显示屏的设计需要根据具体的需求进行优化，以实现最佳的显示效果。

OLED显示屏因其优越的性能被广泛应用于各种设备和场景中。以下是一些典型的应用场景。

① 智能手机：OLED显示屏因其高对比度和广视角被广泛应用于智能手机。它能够提供清晰的显示效果，并且在不同的光照条件下表现良好。

② 电视：高端电视也采用了OLED显示屏。由于OLED显示屏能够实现真正的黑色和高对比度，因此它在电视显示中的表现非常出色，能够提供优质的观看体验。

③ 可穿戴设备：在智能手表和其他可穿戴设备中，OLED显示屏因其轻薄和高亮度的特点被广泛应用。它能够在小型屏幕上提供清晰的显示效果，并且不占

用过多的空间。

④ 汽车仪表盘：OLED显示屏的高对比度和广视角使其成为汽车仪表盘的理想选择。它能够清晰地显示车速、油量和其他重要信息，并且在不同的光照条件下保持良好的可读性。

⑤ 医疗设备：OLED显示屏在医疗设备中的应用越来越广泛。它能够提供高分辨率和高对比度的显示效果，对医疗图像的显示和分析非常有帮助。

⑥ 广告牌和标牌：由于OLED显示屏的高亮度和鲜艳的颜色，它也被广泛应用于广告牌和标牌中。它能够吸引观众的注意力，并且在各种光照条件下保持良好的显示效果。

OLED显示屏的广泛应用体现了其在不同领域中的优势和潜力。随着技术的不断发展，OLED显示屏的应用场景还会不断扩展，给人们带来更多创新和发展的机会。

（2）OLED显示屏在嵌入式系统中的应用。

随着科技的飞速发展，嵌入式系统已经广泛应用于各类智能终端、工业自动化、汽车电子、智能家居及航空航天等领域。在这些系统中，显示屏作为人机交互的重要界面，其性能与特性直接影响着用户的体验和系统效能。在众多显示技术中，OLED（有机发光二极管）显示屏凭借其独特的优势，在嵌入式系统中扮演着越来越重要的角色。接下来将深入探讨OLED显示屏在嵌入式系统中的应用，包括其技术原理、优势、具体应用案例及未来的发展趋势。

OLED是一种基于有机材料的发光二极管，通过电流驱动有机薄膜层中的电子与空穴复合，从而释放出光能，实现自发光的显示效果。与传统的LCD（液晶显示屏）相比，OLED具有以下几个显著优势。

① 自发光特性：OLED无须背光源，每个像素点都能独立发光，因此能够呈现更高的对比度和更深的黑色，使得图像和视频更加清晰、逼真。

② 广视角与全色彩：OLED屏幕在水平和垂直方向上均能保持较好的色彩和亮度，为用户提供了更为宽广的观看视角。同时，其色彩饱和度高，能够展现更加丰富的色彩层次。

③ 低功耗：OLED在显示黑色或深色内容时，相应像素点几乎不消耗电能，这一特性使得OLED显示屏在嵌入式系统中具有显著的节能优势，尤其适合需要长时间运行的或电池供电设备。

④ 轻薄与可弯曲：OLED材料具有柔韧性，使得显示屏可以实现更轻薄的设

计，并具备可弯曲的特性。这为嵌入式系统的设计和集成提供了更多可能性，如可穿戴设备、柔性显示屏等。

⑤ 快速响应：OLED的响应时间极短，能够实现流畅的动态视频效果，满足用户对实时性和交互性的高要求。

⑥ 高可靠性与稳定性：OLED显示屏能在恶劣的环境条件下正常工作，具有较高的可靠性和稳定性，适用于航空航天、汽车电子等高端领域。

OLED在嵌入式系统中的应用有以下优势。

① 提升用户体验：OLED显示屏的高对比度和广视角特性，使得嵌入式设备在各种光线环境下都能提供清晰、逼真的显示效果，从而提升用户的视觉体验。

② 延长续航时间：低功耗特性使得采用OLED显示屏的嵌入式设备在电池供电的情况下具有更长的续航时间，减少了频繁充电的麻烦。

③ 促进产品设计创新：OLED的轻薄与可弯曲特性为嵌入式系统的设计师提供了更多创意空间，可以设计出更加紧凑、个性化的产品形态。

④ 提升系统交互性：快速的响应时间使得OLED显示屏能够实时、准确地显示动态信息，提升嵌入式系统的交互性和响应速度。

在各个应用领域，OLED也得了广泛应用，并表现出较大优势。

① 智能手表与可穿戴设备：OLED显示屏因其轻薄、可弯曲的特性，成为智能手表和可穿戴设备的理想选择。这些设备通常采用小尺寸、高分辨率的OLED屏幕，能够在有限的空间内提供清晰、细腻的显示效果，同时保持设备的轻便性和舒适度。

② 智能家居控制面板：在智能家居系统中，OLED显示屏作为人机交互的重要界面，能够直观地显示各种控制信息和状态反馈。其高对比度和广视角特性使得用户在不同的角度和光线下都能清晰地查看和控制设备，提升了智能家居的便利性和智能化水平。

③ 汽车电子：随着汽车智能化的不断发展，OLED显示屏在汽车电子领域的应用也越来越广泛。从仪表盘到中控屏幕，OLED显示屏凭借其出色的显示效果和节能特性，为驾驶者提供更加安全、舒适的驾驶体验。

④ 工业自动化与航空航天：在工业自动化和航空航天等高端领域，OLED显示屏凭借其高可靠性、稳定性和低功耗特性，成为关键设备的理想选择。它们能够在恶劣的工作环境下保持稳定的显示效果，为操作人员提供准确、及时的信息

反馈。

随着OLED技术的不断成熟和成本的进一步降低,其在嵌入式系统中的应用前景将更加广阔。未来,OLED显示屏有望在以下几个方面实现突破。

① 大尺寸与高分辨率:随着技术的进步,大尺寸、高分辨率的OLED显示屏将逐渐普及,为嵌入式系统提供更加令人震撼的视觉效果。

② 柔性显示技术:柔性OLED显示屏将成为未来发展的重要方向。通过采用柔性基板材料,OLED显示屏可以实现更加灵活、多样的设计形态,为嵌入式系统带来更多的创新空间。

③ 智能交互技术:结合人工智能和物联网技术,OLED显示屏将实现更加智能化的交互体验。例如,通过手势识别、语音识别等方式实现人机交互,提升嵌入式系统的智能化水平和用户体验。

④ 环保与可持续性:OLED材料具有可回收利用的特性,符合环保要求。未来,随着环保意识的增强和政策的推动,OLED显示屏在嵌入式系统中的应用将更加注重环保和可持续性发展。

(3) Arduino与OLED显示屏的硬件连接。

在深入探讨Arduino与OLED显示屏的硬件连接之前,首先需要明确这一连接过程在整个嵌入式系统项目中的基础性和重要性。硬件连接不仅是实现物理层面通信的桥梁,更是后续软件编程与功能实现的前提。接下来将详细阐述这一连接过程,包括接口识别、连接步骤、注意事项及可能的连接问题解决方案,旨在为开发者提供一份详尽的参考指南。

在开始连接之前,对Arduino开发板和OLED显示屏的接口进行准确的识别至关重要。Arduino开发板通常具有标准化的布局,包括数字I/O口、模拟I/O口、电源引脚、复位按钮等。而OLED显示屏的接口则因其型号和制造商的不同而有所差异,但一般都会包含VCC(电源正极)、GND(电源负极)、SCL(时钟线)、SDA(数据线)等基本引脚。

对于Arduino开发板,开发者需要熟悉其引脚布局和功能,以便在连接时能够准确地选择所需的引脚。同时,对于OLED显示屏,仔细阅读其数据手册或技术规格书也是必不可少的步骤,以确保对接口引脚有清晰的认识。

在准备阶段,除了确认接口引脚,还需要准备必要的连接工具,如杜邦线、焊接工具(如果需要进行焊接连接的话),以及可能需要的电阻、电容等外部元件。此外,确保Arduino开发板和OLED显示屏的电源要求相匹配也是非常重要的，以避免因电源不匹配而导致元件损坏。

在确认接口和准备工具后，就可以开始进行硬件连接了，以下是详细的连接步骤。

① 连接电源线：首先，将OLED显示屏的VCC引脚连接到Arduino开发板的电源引脚。对大多数OLED显示屏来说，5伏是常见的电源电压。然而，也有一些显示屏支持3.3伏供电。在连接引脚之前，务必查阅显示屏的数据手册，以确认其电源要求。如果显示屏支持3.3伏供电，但Arduino开发板提供的是5伏电源，那么需要使用一个降压电路（如分压电路或电压调节器）来将电压降低到3.3伏。

在连接电源线时，务必注意电源极性的正确性。VCC引脚应与电源的正极（+）连接，而GND引脚应与电源的负极（-）连接。如果接反，可能会导致显示屏损坏或无法正常工作。

② 连接数据线：接下来将OLED显示屏的SCL和SDA引脚连接到Arduino开发板的I^2C接口上。在Arduino Uno等常见型号中，A5和A4引脚被用作I^2C通信的SCL和SDA引脚。但是，并非所有Arduino型号都内置了I^2C接口。对于没有内置I^2C接口的型号，可能需要使用外部I^2C总线扩展器或通过软件模拟I^2C通信。

在连接数据线时，要确保SCL和SDA引脚连接正确无误。同时，由于I^2C总线是开漏或开集电极输出的，因此在某些情况下可能需要外部上拉电阻来提高信号质量。但是，对大多数OLED显示屏和Arduino开发板来说，内部已经集成了必要的上拉电阻，因此通常不需要额外添加。

③ 检查连接：完成电源线和数据线的连接后，应仔细检查每个引脚是否连接正确、牢固可靠，可以使用万用表等工具进行简单的测试以验证连接的正确性。此外，还应检查是否有任何短路或断路现象存在。如果发现任何问题，应立即进行修复，以避免对设备造成损害。

在连接过程中，可能会遇到一些问题和挑战，以下是一些常见的注意事项以及相应的解决方案。

① 电源极性：电源极性的正确性至关重要。如果接反可能会导致显示屏损坏。因此，在连接电源线之前务必仔细核对电源引脚和显示屏接口的正负极标志。

② 电压匹配：确保Arduino开发板提供的电源电压与OLED显示屏的要求相匹配。如果电压不匹配，可能会导致显示屏无法正常工作或损坏。如果需要使用

降压电路来匹配电压,请确保电路的正确性和稳定性。

③ I^2C 地址冲突:在使用 I^2C 通信时可能会遇到地址冲突的问题。如果系统中存在多个 I^2C 设备,并且它们的地址相同,那么就无法正常通信。解决此问题的方法包括更换设备、修改设备的 I^2C 地址(如果支持的话)或使用 I^2C 多路复用器等。

④ 信号干扰:在高速通信或长距离通信时可能会遇到信号干扰的问题,这可能会导致通信失败或数据错误。解决此问题的方法包括使用屏蔽线、降低通信速率、增加滤波电容等。

⑤ 驱动库兼容性:在编写软件时,需要注意Arduino IDE中安装的OLED显示屏驱动库与所使用的显示屏型号是否兼容。如果不兼容,可能会导致显示屏无法正常工作或显示异常。解决此问题的方法包括查找适合所用显示屏型号的驱动库或自行编写驱动程序。

综上所述,Arduino与OLED显示屏的硬件连接是一个需要仔细操作和严格检查的过程。

(4)硬件配置与电源管理。

在设计嵌入式系统的过程中,硬件配置与电源管理是两个至关重要的方面,它们直接关系到系统的稳定性、可靠性和性能表现。特别是在将OLED显示屏集成到Arduino项目中时,合理的硬件配置和高效的电源管理策略更是不可或缺。下面深入探讨硬件配置的原则与策略,以及电源管理的关键技术和方法,以期为开发者提供全面的指导。

① 需求分析:硬件配置的首要任务是进行需求分析,明确系统所需的功能、性能指标及外部接口等要求。对于OLED显示屏的集成项目,需求分析应涵盖显示屏的分辨率、色彩深度、刷新率等基本参数,以及Arduino开发板的处理器性能、内存大小、I/O口数量等关键指标。此外,还需考虑系统是否需要与其他外部设备进行通信或交互,以及是否需要支持特定的通信协议或标准。

② 选型与评估:在明确需求后,接下来进行硬件选型与评估。对于Arduino开发板而言,市场上存在多种型号和规格供选择,如Arduino Uno、Mega、Nano等。开发者应根据项目需求选择合适的型号,并评估其性能是否满足要求。同时,对于OLED显示屏的选型同样需要谨慎,需关注其尺寸、分辨率、接口类型、驱动方式等参数,并确保与Arduino开发板兼容。

在选型过程中,除了考虑性能参数,还需考虑成本、供货渠道、技术支持等因素。此外，对于关键部件如微控制器和显示屏，建议进行样品测试或评估板验证，以确保其在实际应用中的稳定性和可靠性。

③ 硬件布局与布线：这是硬件配置的重要环节。合理的布局可以减少电磁干扰和信号衰减，提高系统的稳定性和可靠性。在布局时，应遵循一定的规则和原则，如将数字电路和模拟电路分开布局、避免高频信号线与低频信号线交叉等。同时，在布线时还需注意线宽、线距、过孔等参数的设置，以确保信号传输的质量和效率。

对于OLED显示屏与Arduino开发板的连接布线，需要特别注意数据线（如SCL和SDA）和电源线的布局与走线。数据线应尽可能短且直，以减少信号衰减和干扰；电源线则需考虑电流容量和压降问题，以确保显示屏能够正常工作。

④ 外部元件配置：在硬件配置中，外部元件的配置也是不可忽视的一环。根据项目的实际需求，可能需要为OLED显示屏配置限流电阻、去耦电容、滤波器等外部元件。这些元件的选择和配置应根据显示屏的规格和性能要求来确定，以确保其能够稳定工作并保护显示屏免受损害。

例如，对于需要驱动大电流LED背光的OLED显示屏，可能需要配置限流电阻来限制通过LED的电流大小；对于需要降低电源噪声和干扰的场合，则需要配置去耦电容和滤波器来净化电源信号。

电源管理的关键技术与方法如下。

① 电源稳定性：这是电源管理的核心要求之一。稳定的电源输出可以确保系统各部件正常工作并延长使用寿命。为了实现电源稳定性，可以采取多种技术和方法。例如，使用高质量的电源模块或稳压器来提供稳定的电压和电流输出；在电源输入端添加滤波电容和电感来抑制电源噪声和干扰；采用分压电路或DC-DC（Direct Current to Direct Current，直流电压转换器，用于调整电压水平）转换器来匹配不同部件的电压要求等。

对于OLED显示屏，其电源稳定性尤为重要。因为显示屏的亮度、对比度和色彩等性能都与电源电压的稳定性密切相关。如果电源电压波动过大或不稳定，就可能导致显示屏出现闪烁、色斑或黑屏等故障现象。

② 电源隔离：在复杂的系统中，不同部件之间可能存在相互干扰的问题。为了解决这个问题，可以采取电源隔离技术来隔离不同部件之间的电源信号。电源隔离可以通过变压器、光耦隔离器等元件来实现。通过电源隔离可以有效地降低不同部件之间的电磁干扰和信号串扰问题，提高系统的稳定性和

可靠性。

③ 低功耗设计：低功耗设计是嵌入式系统设计的一个重要方面。通过优化硬件配置和软件算法可以降低系统的整体功耗延长电池寿命或降低能源消耗。对OLED显示屏来说，低功耗设计可以通过多种途径来实现。例如，降低显示屏的亮度和刷新率、使用休眠模式或待机模式，以减少不必要的功耗等。

在硬件层面，低功耗设计可以通过选择低功耗的元件和电路来实现，例如，使用低功耗的微控制器和显示屏驱动器、优化电源管理电路等；在软件层面，则可以通过编写高效的代码和算法来减少CPU的占用率和功耗。

④ 电源监控与保护：电源监控与保护是确保系统安全稳定运行的重要手段之一。通过监控电源电压、电流和温度等参数，可以及时发现并处理电源故障问题，避免系统受损或损坏其他部件。为了实现电源监控与保护，可以配置电源监控模块或保护电路，实时监测电源状态，并在异常的情况下采取相应的保护措施。例如，当电源电压过高或过低时，可以触发保护电路切断电源供应以避免部件受损。

（5）库文件导入与初始化：引入Adafruit_SSD1306库。

在Arduino平台上，利用OLED显示屏进行项目开发时，Adafruit_SSD1306库因其易用性和高效性而备受青睐。下面详细解析Adafruit_SSD1306库的引入过程，包括库的下载、安装、配置，以及如何在项目中有效使用，同时深入探讨库背后的工作机制，为开发者提供深入的理解和应用指导。

① Adafruit_SSD1306库概述。

Adafruit_SSD1306库是一个专为Arduino设计的库，旨在简化与SSD1306控制器的OLED显示屏的交互。SSD1306是一款常用的OLED驱动芯片，支持多种分辨率的显示屏，如128×64、128×32等，广泛应用于各种便携式设备和嵌入式系统。Adafruit_SSD1306库通过提供丰富的应用程序编程接口（Application Programming Interface，简称API，用于定义软件组件之间的交互方式）接口，使得开发者能够轻松地在OLED显示屏上绘制文字、图形和图像，实现丰富的视觉展示效果。

② 库的下载、安装与配置。

- 下载库文件：首先，开发者需要从可靠的来源下载Adafruit_SSD1306库的最新版本。通常可以通过访问Adafruit的官方网站、GitHub仓库或Arduino库管理器来完成。在GitHub仓库中，开发者可以找到库的源代码、文档、示例项目，以及社区贡献的扩展功能。
- 安装库文件：下载完成后，需要将库文件安装到Arduino IDE中。这通常涉及将库文件夹解压并放置到Arduino IDE的libraries目录下。之后，重启Arduino IDE，以确保它能够识别新安装的库。
- 库的引入与配置：在Arduino项目中引入Adafruit_SSD1306库非常简单。只需在代码文件的顶部包含Adafruit_SSD1306.h头文件即可。此外，根据项目的具体需求，开发者还需要配置OLED显示屏的相关参数，如分辨率、I2C地址等（图3-40）。

```
#include <qrcode.h>

#include <Adafruit_SSD1306.h>
Adafruit_SSD1306 display = Adafruit_SSD1306(128, 64, &Wire);

//QRCode qrcode;

void setup() {
  Serial.begin(115200);
  // SSD1306_SWITCHCAPVCC = generate display voltage from 3.3V internally
  display.begin(SSD1306_SWITCHCAPVCC, 0x3C); // Address 0x3C for 128x32

  display.display();
  delay(2000);

  display.clearDisplay();       //this line to clear previous logo
  display.setTextColor(WHITE);  //without this no display
  display.print("张胖子!!!!");//your TEXT here
  display.display();            //to shows or update your TEXT
}

void loop() {
}
```

图 3-40　示例代码

```
#include <qrcode.h>                    // 引入二维码生成库，用于生成二维码
#include <Adafruit_SSD1306.h>          // 引入 Adafruit SSD1306 库，用于控制 OLED 显示屏
// 创建一个 Adafruit_SSD1306 对象，用于控制 128×64 像素的 OLED 显示屏，使用 I²C 通信
Adafruit_SSD1306 display = Adafruit_SSD1306(128, 64, &Wire);
//QRCode qrcode;   // 创建 QRCode 对象（注释掉，因为没有实际使用）
void setup() {
  Serial.begin(115200);    // 初始化串口通信，设置波特率为 115200
  // 初始化 OLED 显示屏，SSD1306_SWITCHCAPVCC 生成内部显示电压，地址为 0x3C
  display.begin(SSD1306_SWITCHCAPVCC, 0x3C);
  display.display();       // 显示初始化画面
```

```
    delay(2000);                    // 延时 2000 毫秒（2 秒），让初始化画面显示 2 秒
    display.clearDisplay();         // 清除显示屏上的内容
    display.setTextColor(WHITE);    // 设置文本颜色为白色
    display.print("张胖子!!");       // 在显示屏上打印 "张胖子!!"
    display.display();              // 更新显示屏，将文本显示出来
}

void loop() {
    // 主循环为空，因为所有操作都在 setup() 中执行一次
}
```

Adafruit_SSD1306库的使用始于对OLED显示屏的初始化和基本配置。在Arduino程序中，这通常发生在setup()函数中。通过调用display.begin()方法，库会尝试与SSD1306控制器建立通信，并设置其工作模式。该方法的参数指定了控制器的电源配置（如内部DC-DC转换器供电）和I^2C地址。一旦初始化成功，OLED显示屏便准备好接收来自Arduino的数据，并显示内容。值得注意的是，初始化过程中可能会遇到通信失败的情况，如I^2C地址冲突或硬件连接问题。因此，在调用display.begin()后，程序通常会检查其返回值以确认初始化是否成功。如果失败，程序可以通过串口输出错误信息，并采取相应的错误处理措施，如进入无限循环，以避免进一步执行可能引发问题的代码。

Adafruit_SSD1306库提供了丰富的绘图和文本显示功能，使得开发者能够在OLED显示屏上创建复杂且动态的视觉效果。绘图功能包括绘制点、线、矩形、圆形等基本图形，以及填充这些图形的实心版本。通过组合这些基本图形，可以构建出各种复杂的图形界面和图标。在文本显示方面，支持多种字体大小和颜色设置，允许开发者根据需要调整文本的外观。使用setTextSize()、setTextColor()和setCursor()等函数，可以方便地设置文本属性，并通过println()或print()函数将文本输出到OLED显示屏上。此外，库还支持文本的对齐和换行处理，使得文本显示更加灵活和美观。

为了实现更加复杂的显示效果和动画，开发者需要利用Arduino的loop()函数来周期性地更新OLED显示屏上的内容。通过控制更新频率和内容的变化，开发者可以创建出平滑的动画效果或响应外部事件的动态界面。在实现动画时，一种常见的方法是使用帧动画技术。即预先设计好一系列静态图像（帧），然后在loop()函数中按顺序快速切换这些图像，从而创造出动画效果。为了优化性能，可以尽量减少每帧之间的差异，并利用Adafruit_SSD1306库的缓冲区功能来减少

屏幕刷新的次数。除了帧动画，开发者还可以使用定时器或中断来触发动画的播放和停止，以及根据用户输入或其他传感器数据来改变动画的内容和速度。这样可以使OLED显示屏的显示内容更加丰富和有趣，提升用户体验。

Adafruit_SSD1306库通过I^2C或SPI通信接口与SSD1306控制器进行交互。在发送显示数据之前，库会先向控制器发送一系列命令来配置其工作模式、显示参数等。这些命令通过通信接口传输到控制器，并由其解析和执行。为了提高性能并减少功耗，SSD1306控制器采用了多种优化措施。例如，它支持局部更新功能，即只更新显示屏上发生变化的区域，而不是整个屏幕。这可以显著减少数据传输量和屏幕刷新次数，从而提高显示效率和降低功耗。

此外，Adafruit_SSD1306库还提供了缓冲区功能来进一步优化性能。在更新显示屏内容时，开发者可以先将数据写入缓冲区中，然后一次性将缓冲区的内容传输到控制器进行显示。这样可以减少通信次数和数据传输量，提高显示效率并减少闪烁现象。

综上所述，Adafruit_SSD1306库为Arduino平台上的OLED显示屏应用提供了强大的支持和丰富的功能。通过深入了解其工作原理和使用方法，开发者可以充分利用该库来创建出各种复杂且动态的显示效果和动画效果，从而增强项目的交互性和视觉吸引力。

（6）OLED显示屏实现高级功能

在深入探讨Adafruit_SSD1306库的应用时，复杂的显示效果与动画的实现无疑是其最为引人注目的功能之一。这些功能不仅丰富了项目的视觉效果，还提升了用户体验。下面将详细阐述如何利用Adafruit_SSD1306库实现帧动画、定时器与中断控制等高级功能，并通过一个实际案例来展示其应用。

帧动画作为实现复杂动态效果的基础，其核心在于将一系列静态图像以一定的速度连续播放，从而在视觉上形成连贯的动画。在Adafruit_SSD1306库的应用中，实现帧动画主要依赖程序对图像数据的精确处理和时间控制的精准把握。

① 图像数据的准备。首先，需要根据动画需求设计并导出每一帧图像。这些图像通常使用图像处理软件制作，并保存为适合Arduino处理的格式（如位图或经过压缩的格式）。随后，将图像数据转换为字节数组，并嵌入到Arduino代码中。为了提高代码的可读性和可维护性，可以使用宏定义或常量数组来管理这些图像数据。

② 时间控制的实现。动画的流畅性取决于帧与帧之间的时间间隔。在Arduino程序中，这通常通过delay()函数实现。然而，在复杂的项目中，delay()可能会导致程序响应性下降。因此，更推荐的做法是使用定时器或中断来控制动画的播放速度。通过精确配置定时器的参数，可以确保动画按预定速度播放，同时保持程序的正常响应。

③ 优化措施。为了提高帧动画的显示效果和性能，可以采取多种优化措施。例如，减少帧数以降低内存占用和提高播放速度；使用局部更新功能减少屏幕刷新次数；通过图像处理软件优化图像数据，以减小文件尺寸和分辨率；利用缓冲区技术减少数据传输量等。这些措施有助于提升动画的流畅性和视觉效果。

在复杂的动画实现中，定时器和中断机制起着至关重要的作用。它们不仅确保了动画的精确播放和同步操作，还提高了系统的稳定性和响应性。

① 定时器的使用：开发者定时器设置为周期性地触发中断服务例程，从而控制动画的播放速度。在中断服务例程中，可以调用更新函数来绘制下一帧图像并更新OLED显示屏的内容。这种方式可以确保动画按预定速度播放且不受其他程序操作的影响。

② 中断的应用：中断机制允许程序在执行过程中响应外部事件或内部条件的变化。在动画控制中，中断可以用于实现动画的即时响应和同步操作。例如，当用户通过按钮输入触发中断时，中断服务例程可以立即调用相应的处理函数，来改变动画的播放状态或执行其他操作。

③ 结合使用：在实际应用中，定时器和中断往往需要结合使用，以实现更复杂的动画效果和同步操作。开发者可以通过合理配置定时器的参数和中断服务例程的代码逻辑，精确地控制动画的播放速度、同步操作和即时响应等性能指标。

（7）OLED显示屏实现文本与图像的显示。

在现代电子设备中，显示技术的不断创新为用户提供了更加丰富和直观的交互体验。OLED（有机发光二极管）显示屏以其高对比度、低功耗和快速响应等特点，在便携式设备、智能穿戴及嵌入式系统中得到了广泛应用。下面将深入探讨如何在基于Arduino平台的Adafruit SSD1306 OLED显示屏上实现文本与图像的显示，包括清除显示屏内容、设置文本颜色、显示文本内容及更新显示内容等关键步骤。

在开始显示文本与图像之前,首先需要对OLED显示屏进行初始化和配置。具体包括设置显示屏的分辨率、I^{2}C地址及供电方式等。在Adafruit_SSD1306库中,Adafruit_SSD1306类提供了便捷的方法来完成这些任务。

```
#include <Adafruit_SSD1306.h>
// 引入 Adafruit_SSD1306 库,用于控制 SSD1306 OLED 显示屏
Adafruit_SSD1306 display = Adafruit_SSD1306(128, 64, &Wire);
// 创建一个 Adafruit_SSD1306 对象,指定显示屏的宽度为 128 像素、高度为 64 像素
// &Wire 为 I²C 通信接口,使用默认的 I²C 地址和复位引脚
void setup() {
  Serial.begin(115200);
  // 初始化串口通信,设置波特率为 115200,用于调试和数据输出
  // SSD1306_SWITCHCAPVCC = 通过内部 3.3 伏生成显示电压
  display.begin(SSD1306_SWITCHCAPVCC, 0x3C);
  // 初始化 OLED 显示屏,使用 SSD1306_SWITCHCAPVCC作为电源模式
  // 0x3C 为 I²C 地址,这个地址适用于大多数 128×64 分辨率的 SSD1306 显示屏
  display.display();
  // 执行一次显示更新,将显示屏的初始状态更新到实际显示
  // 这一步可用于确认显示屏是否正常工作
  delay(2000);
  // 延时 2000 毫秒(2 秒),用于给显示屏足够的时间来完成初始化显示
}
void loop() {
  // 空的 loop 函数,防止编译错误
  // 这个函数会被不断重复执行,可以在这里添加主程序的逻辑
}
```

在setup()函数中,通过调用display.begin()方法并传入相应的参数来初始化OLED显示屏。这里的参数SSD1306_SWITCHCAPVCC(OLED 显示屏驱动芯片SSD1306 的一个电源配置选项,通常用于 Arduino、ESP8266、ESP32 等开发板与 SSD1306 OLED 屏幕的通信库)表示使用内部电压生成电路来供电,而0x3C(一个十六进制Hexadecimal数,表示的是以0x开头的数值)则是显示屏的I^{2}C地址,具体地址可能因设备而异,需要根据实际情况进行调整。初始化完成后,通过调用display.display()(嵌入式图形库,特别是 Adafruit SSD1306、SH1106 等OLED驱动库中的一个关键函数,用于将内存中的图形缓冲区内容实际刷新到物理显示屏上)方法显示一帧空白画面,以确保显示屏已正确连接并可以正常工作。

① 清除显示屏内容：在显示新的内容之前，通常需要清除显示屏上的旧内容，以避免新旧内容重叠造成视觉混乱。Adafruit_SSD1306库提供了clearDisplay()（嵌入式显示库，如 Adafruit_SSD1306、SH1106 OLED驱动中的一个基础函数，用于清空显示缓冲区，将屏幕内容全部重置为空白，通常变为全黑）方法来实现这一功能。

```
#include <Adafruit_SSD1306.h>
// 引入 Adafruit_SSD1306库，用于控制SSD1306 OLED显示屏
Adafruit_SSD1306 display = Adafruit_SSD1306(128, 64, &Wire);
// 创建一个 Adafruit_SSD1306 对象，指定显示屏的宽度为 128 像素、高度为 64 像素
// &Wire 为 I²C 通信接口，使用默认的 I²C 地址和复位引脚
void setup() {
  Serial.begin(115200);
  // 初始化串口通信，设置波特率为115200，用于调试和数据输出
  // SSD1306_SWITCHCAPVCC = 通过内部 3.3 伏生成显示电压
  display.begin(SSD1306_SWITCHCAPVCC, 0x3C);
  // 初始化 OLED 显示屏，使用 SSD1306_SWITCHCAPVCC 作为电源模式
  // 0x3C 为 I²C 地址，这个地址适用于大多数 128×64 分辨率的 SSD1306 显示屏
  display.display();
  // 执行一次显示更新，将显示屏的初始状态更新到实际显示
  // 这一步可用于确认显示屏是否正常工作
  delay(2000);
  // 延时 2000 毫秒（2 秒），用于给显示屏足够的时间来完成初始化显示
  display.clearDisplay();
  // 清除显示屏上的所有内容，为显示新内容做准备

  // 你可以在这里添加显示新内容的代码
}
void loop() {
  // 空的 loop 函数，防止编译错误
  // 这个函数会被不断重复执行，可以在这里添加主程序的逻辑
}
```

调用clearDisplay()方法后，显示屏上的所有像素点都会被设置为关闭状态，即显示屏呈现全黑或全白（取决于初始化的显示模式）。这是显示新内容前的一个重要步骤，确保显示屏干净和整洁。

② 设置文本颜色：在Adafruit_SSD1306库中，文本颜色并不是通过传统意义上的RGB值（Red、Green、Blue的缩写，代表三原色光模式。它是一种颜色表

示方法，广泛应用于显示技术、图像处理、网页设计、LED照明等领域）来设置的，而是依赖显示屏的显示模式和当前像素点的状态。对于单色OLED显示屏，通常只有两种颜色可选：亮（通常为白色）和暗（通常为黑色或关闭状态）。然而，通过一些技巧，如反色显示或利用像素点的不同亮度级别，可以实现更丰富的视觉效果。

```
#include <Adafruit_SSD1306.h>
// 引入Adafruit_SSD1306库，用于控制SSD1306 OLED显示屏
Adafruit_SSD1306 display = Adafruit_SSD1306(128, 64, &Wire);
// 创建一个Adafruit_SSD1306对象，指定显示屏的宽度为128像素、高度为64像素
// &Wire 为I²C通信接口，使用默认的I²C地址和复位引脚
void setup() {
  Serial.begin(115200);
  // 初始化串口通信，设置波特率为115200，用于调试和数据输出
  // SSD1306_SWITCHCAPVCC = 通过内部3.3伏生成显示电压
  display.begin(SSD1306_SWITCHCAPVCC, 0x3C);
  // 初始化OLED显示屏，使用SSD1306_SWITCHCAPVCC作为电源模式
  // 0x3C 为I²C地址，这个地址适用于大多数128×64分辨率的SSD1306显示屏
  display.display();
  // 执行一次显示更新，将显示屏的初始状态更新到实际显示
  // 这一步可用于确认显示屏是否正常工作
  delay(2000);
  // 延时2000毫秒（2秒），用于给显示屏足够的时间来完成初始化显示
  display.clearDisplay();
  // 清除显示屏上的所有内容，为显示新内容做准备
  display.setTextColor(WHITE);
  // 设置文本颜色为白色
  // 对于单色OLED显示屏，通常只有白色（点亮）和黑色（熄灭）两种颜色
  // 在某些库中可能支持通过亮度控制实现灰度显示
}
void loop() {
  // 空的loop函数，防止编译错误
  // 这个函数会被不断重复执行，可以在这里添加主程序的逻辑
}
```

在上面的代码中，通过调用setTextColor(WHITE)（编程中常见的一个函数调用，通常用于设置文本显示的颜色为白色，它的具体行为取决于所使用的库或开发环境，常见于图形界面库、嵌入式显示屏驱动或游戏引擎中）方法将文本颜色设置为白色。需要注意的是，这里的"白色"并不是指RGB颜色空间中的白色，

而是指显示屏上像素点处于最亮状态的颜色。对于黑色或其他颜色的实现，通常是通过不点亮相应的像素点或利用其他显示技术来达成的。

③ 显示文本内容：在Adafruit_SSD1306库中，显示文本内容是一个直接而简单的过程。通过调用print()或println()方法，可以将字符串或其他可打印类型的数据输出到显示屏上。

```
#include <Adafruit_SSD1306.h>
// 引入Adafruit_SSD1306库，用于控制SSD1306 OLED显示屏
Adafruit_SSD1306 display = Adafruit_SSD1306(128, 64, &Wire);
// 创建一个Adafruit_SSD1306对象，指定显示屏的宽度为128像素、高度为64像素
// &Wire为I²C通信接口，使用默认的I²C地址和复位引脚
void setup() {
  Serial.begin(115200);
  // 初始化串口通信，设置波特率为115200，用于调试和数据输出
  display.begin(SSD1306_SWITCHCAPVCC, 0x3C);
  // 初始化OLED显示屏，使用SSD1306_SWITCHCAPVCC作为电源模式
  // 0x3C为I²C地址，这个地址适用于大多数128×64分辨率的SSD1306显示屏
  display.display();
  // 执行一次显示更新，将显示屏的初始状态更新到实际显示
  // 这一步可用于确认显示屏是否正常工作
  delay(2000);
  // 延时2000毫秒（2秒），用于给显示屏足够的时间来完成初始化显示
  display.clearDisplay();
  // 清除显示屏上的所有内容，为显示新内容做准备
  display.setTextColor(WHITE);
  // 设置文本颜色为白色
  // 对于单色OLED显示屏，通常只有白色（点亮）和黑色（熄灭）两种颜色
  display.setCursor(0, 0);
  // 设置文本起始位置为(0, 0)，即显示屏的左上角
  // 后续显示的文本将从这个位置开始绘制
  display.print("张胖子!!");
  // 在OLED显示屏上显示文本"张胖子!!"
  // 文本将显示在之前设定的(0, 0)位置开始
  display.display();
  // 执行一次显示更新，将文本内容实际显示到OLED屏幕上
}
void loop() {
  // 空的loop函数，防止编译错误
  // 这个函数会被不断重复执行，可以在这里添加主程序的逻辑
}
```

在上述代码中，首先通过setCursor(0, 0)方法设置了文本的起始位置为显示屏的左上角，即坐标（0，0）处。然后，通过print()方法将字符串"张胖子!!"输出到显示屏上。最后，调用display()方法更新显示屏的内容，使得文本能够显示出来。

需要注意的是，setCursor()方法用于设置文本输出的起始位置，其参数分别为X轴和Y轴的坐标。在Adafruit_SSD1306库中，坐标系的原点（0,0）通常位于显示屏的左上角，X轴向右延伸，Y轴向下延伸。因此，通过调整setCursor()方法的参数，可以控制文本在显示屏上的具体位置。

此外，Adafruit_SSD1306库还提供了println()方法，它类似于Arduino标准库中的println()函数，用于在输出文本后自动换行。然而，在使用println()方法时需要注意，由于OLED显示屏的分辨率有限，过长的文本可能会超出显示屏的显示范围。因此，在输出长文本时，建议手动控制换行位置，以确保文本能够完整且清晰地显示在屏幕上。

④ 更新显示内容：在Arduino程序中，更新显示内容通常发生在loop()函数中。然而，在某些情况下，如本例所示，当所有显示的内容都在setup()函数中设置完成时，loop()函数可能为空或仅包含一些简单的状态检查代码。但即使如此，了解如何更新显示内容仍然是很有必要的，特别是在需要动态显示数据的应用场景中。

在Adafruit_SSD1306库中，更新显示内容的过程相对简单。首先，使用clearDisplay()方法清除显示屏上的旧内容（如果需要的话）。然后，重新设置文本颜色、文本位置等属性，并通过print()或println()方法输出新的文本内容。最后，调用display()方法更新显示屏以显示新内容。

然而，在实际应用中，OLED显示屏的刷新速度相对较慢（尤其是在较低分辨率的显示屏上），频繁地清除和重绘整个屏幕可能会导致显示效果的卡顿或闪烁。为了优化显示效果，可以考虑使用双缓冲技术或仅更新需要变化的部分区域。但需要注意的是，Adafruit_SSD1306库本身并不直接支持双缓冲或局部更新功能，这些功能需要通过额外的编程技巧来实现。

⑤ 高级应用：显示图像，除了显示文本内容，Adafruit_SSD1306库还支持显示图像。在OLED显示屏上显示图像通常涉及将图像数据（通常以位图形式存在）转换为显示屏能够理解的像素点模式，并通过编程的方式将这些像素点输出到显示屏上。

在Adafruit_SSD1306库中，显示图像的过程相对复杂，因为需要手动处理图像数据的转换和输出。然而，库提供了一些辅助函数来简化这个过程。例如，可以使用drawBitmap()（图形编程中常用的一个函数，用于在屏幕上绘制位图图像）方法来直接绘制存储在程序存储器中的位图图像。

```cpp
// 假设有一个名为 logo_bitmap 的位图数组，其大小和格式与显示屏兼容
#include <Wire.h>  // 引入 Wire 库，用于 I²C 通信
#include <Adafruit_GFX.h>  // 引入 Adafruit_GFX 库，用于图形显示
#include <Adafruit_SSD1306.h>  // 引入 Adafruit_SSD1306 库，用于控制 OLED 显示屏
#define SCREEN_WIDTH 128  // OLED 显示屏的宽度（像素）
#define SCREEN_HEIGHT 64  // OLED 显示屏的高度（像素）
#define OLED_RESET    -1  // OLED 显示屏复位引脚（-1 表示未使用）
Adafruit_SSD1306 display(SCREEN_WIDTH, SCREEN_HEIGHT, &Wire, OLED_RESET);
// 创建一个 Adafruit_SSD1306 对象，指定显示屏的宽度、高度、I²C 通信接口和复位引脚
const uint8_t logo_bitmap[] PROGMEM = {
  // ...（位图数据略）
};
// 使用 PROGMEM 关键字将 logo_bitmap 数组存储在 Flash 存储器中以节省 RAM
void setup() {
  if(!display.begin(SSD1306_SWITCHCAPVCC, 0x3C)) {
    // 初始化 OLED 显示屏，使用 SSD1306_SWITCHCAPVCC 作为电源模式，I²C 地址为 0x3C
    Serial.println(F("SSD1306 allocation failed"));
    for(;;);  // 如果初始化失败，停止程序
  }
  display.clearDisplay();
  // 清除显示屏上的所有内容
  display.drawBitmap(0, 0, logo_bitmap, SCREEN_WIDTH, SCREEN_HEIGHT, 1);
  // 绘制位图图像到显示屏上，从坐标(0,0)开始绘制，宽度和高度为屏幕尺寸，颜色为白色(1)
  display.display();
  // 执行一次显示更新，将绘制的内容显示在 OLED 屏幕上
}
void loop() {
  // 循环代码，通常这里放入需要重复执行的代码
}
```

在上面的代码中，drawBitmap()方法用于在显示屏上绘制位图图像。其参数包括图像的起始位置（*X*轴和*Y*轴坐标）、位图数据数组、图像的宽度和高度，以及一个表示颜色深度的参数（对于单色OLED显示屏，该参数通常为1）。需要注意的是，位图数据需要事先准备好，并存储在程序存储器中以便在

运行时访问。

此外，Adafruit_SSD1306库还提供了其他绘图函数，如drawPixel()（图形编程和嵌入式显示驱动中常用的基础函数，用于在屏幕的指定坐标位置绘制一个单色像素点）、drawLine()（计算机图形学中最基础的绘图函数之一，用于在屏幕或图形缓冲区中绘制一条直线）、drawRect()（图形编程中用于绘制矩形的基础函数，它可以在屏幕或图形缓冲区上绘制一个空心矩形，只有边框，没有填充）等，这些函数可以用于绘制像素点、线条、矩形等基本图形元素。通过组合使用这些绘图函数，可以创建出更加复杂和多样化的图像效果。

（8）二维码生成与显示：引入 QR 码生成库及生成QR码。

二维码（QR Code）是一种广泛应用的二维条码，它能够以高密度的方式存储数据，并通过扫描设备快速读取。为了在Arduino项目中生成和显示二维码，需要引入专门的二维码生成库。这里推荐使用qrcode.h库（一个用于生成和显示QR码的C/C++头文件，常见于嵌入式系统，如Arduino、ESP32或轻量级图形库中），该库功能强大且使用方便。

首先，在Arduino IDE中导入qrcode.h库，可以通过在代码开头添加相应的包含指令来实现。使用该库可以简化二维码的生成过程，并确保生成的二维码符合标准，能够被各种扫描设备准确识别。

在引入库之后，需要进行一些基础设置，包括初始化二维码生成对象，以及设置二维码的尺寸、纠错级别等参数。这些设置直接影响二维码的生成和显示效果。

此外，为了确保二维码生成库与OLED显示屏兼容，需要确保两者之间的通信和数据传输是顺畅的。这涉及Arduino与OLED显示屏的硬件连接，以及代码中的数据处理和传输逻辑。

在代码中，引入qrcode.h库的过程如下。

```
#include <qrcode.h>    // 引入二维码生成库，用于生成二维码
```

这一简单的包含指令，将二维码生成库引入到Arduino项目中，为后续的二维码生成和显示提供了基础支持。

在引入二维码生成库之后，接下来就是生成二维码的过程。生成二维码主要包括数据编码和图像绘制两部分。数据编码是将需要存储的信息转换为二维码的编码格式，而图像绘制则是将编码后的数据绘制成二维码图像。

首先，需要创建一个二维码对象，并设置相关参数，包括二维码的尺寸、纠错级别及数据内容等。尺寸和纠错级别决定了二维码的大小和复杂度，而数据内容则是二维码实际存储的信息。

在代码中生成二维码的过程如下。

```
QRCode qrcode;    // 创建一个 QRCode 对象，qrcode 用于处理二维码生成的相关操作
qrcode.initText(qrcodeData);    // 使用 QRCode 对象的 initText() 方法初始化二维码数据
                                // 参数 qrcodeData 是包含要编码为二维码的文本数据的字符串
                                // 该方法将文本数据转换为二维码的内部表示
```

在上述代码中，QRCode类用于创建二维码对象；initText方法则用于将文本数据编码为二维码；qrcodeData是要编码的文本数据，可以是任意字符串。

在生成二维码编码数据之后，需要将其转换为图像，以便显示在OLED屏上。二维码图像通常由黑白像素点组成，每个像素点对应一个编码数据位。为了确保二维码图像的清晰度和可读性，需要根据OLED屏的分辨率和显示能力进行适当的缩放和调整。

在生成二维码图像之后，接下来就是将其显示在OLED屏上。OLED（有机发光二极管）显示屏以其高对比度和广视角等优势，被广泛应用于各种嵌入式系统中。在Arduino项目中，使用Adafruit_SSD1306库可以方便地控制OLED显示屏。

首先，初始化OLED显示屏，并清除之前的显示内容。然后将生成的二维码图像绘制到OLED屏上。在绘制过程中，需要根据OLED屏的分辨率和显示区域，调整二维码图像的大小和位置，以确保显示效果最佳。

显示二维码过程的代码如下。

```
#include <Wire.h>  // 引入 Wire 库，用于 I²C 通信
#include <Adafruit_SSD1306.h>  // 引入 Adafruit SSD1306 OLED 显示库
// 创建一个 Adafruit_SSD1306 对象，屏幕宽度为 128 像素、高度为 64 像素
Adafruit_SSD1306 display(128, 64, &Wire, -1);
void setup() {
  Serial.begin(115200);  // 初始化串口，设置波特率为 115200
  // 初始化 OLED 显示屏，地址为 0x3C
  if (!display.begin(SSD1306_SWITCHCAPVCC, 0x3C)) {
    Serial.println(F("SSD1306 allocation failed"));  // 如果初始化失败，则输出错误信息
    for (;;);  // 死循环，停止程序
  }
```

```
    display.display();    // 显示初始化内容
    delay(2000);    // 延时 2 秒
    display.clearDisplay();    // 清空显示屏内容
    display.setTextColor(SSD1306_WHITE);    // 设置文字颜色为白色
    display.setTextSize(1);    // 设置文字大小
    display.setCursor(0, 0);    // 设置文字显示的起始位置
    display.print(F("Hello World!"));    // 显示文本
    display.display();    // 更新显示内容
}
void loop() {
    // 主循环为空，程序只在 setup() 中执行一次
}
```

在上述代码中，首先初始化OLED显示屏，并设置显示的文字颜色为白色。然后生成一个包含"Hello, World!"文本的二维码，并逐个像素点将其绘制到OLED屏上。最后通过display.display()方法更新显示内容，将二维码显示在OLED屏上。

引入二维码生成库、生成二维码数据并将其显示在OLED屏上，是实现二维码显示的关键步骤。这不仅需要熟练使用库文件，还需要对OLED显示屏的控制和数据处理有深入的理解。通过不断实践和优化，开发人员可以实现更加复杂和高效的二维码显示功能，为各种嵌入式应用提供支持。

（9）调试与优化：串口调试信息的输出。

在开发嵌入式系统的过程中，调试是确保程序功能正常运行的重要环节。通过有效的调试手段，开发人员可以迅速定位和解决程序中的问题，提高开发效率和产品质量。在Arduino项目中，串口调试是一种常用且有效的调试方法。利用串口调试，可以实时输出程序运行过程中的关键信息，从而帮助开发者监控程序状态，分析程序逻辑，发现并修正错误。

首先，在程序中初始化串口通信。在Arduino环境中，可以通过调用Serial.begin()函数来设置串口波特率，以便与计算机进行通信。例如，在setup()函数中设置串口波特率为115200。

```
void setup() {    // 初始化函数，在 Arduino 启动时运行一次
    Serial.begin(115200);    // 初始化串口通信，设置波特率为 115200 比特每秒，用于与计算机或其他串口设备进行数据交换
}
void loop() {    // 主循环函数，Arduino 会反复调用这个函数
```

```
// 示例：每隔一秒输出一条消息
Serial.println("Hello, World!");  // 通过串口输出 "Hello, World!"
delay(1000);  // 延时 1000 毫秒（1 秒）
}
```

上述代码设置了串口通信的波特率为115200比特每秒，这是一种常用的波特率，可以确保数据传输的稳定性和高效性。初始化串口通信后，可以在程序的各个关键位置添加调试信息输出语句。通过Serial.print()或Serial.println()函数，可以将变量值、状态信息等输出到串口监视器，示例代码如下。

```
Serial.println("OLED display initialized.");  // 通过串口输出一条消息，告知OLED 显示屏已初始化
```

这一行代码将在串口监视器中输出一条信息，表明OLED显示屏初始化成功。通过这样的方式，可以在程序的不同阶段输出相关信息，实时监控程序的执行过程。

在调试二维码生成和显示的过程中，可以在各个关键步骤添加调试信息。例如，在二维码生成完成后输出二维码的尺寸信息，或者在图像绘制完成后输出绘制完成的信息等。这样可以帮助开发者快速定位问题，确认每一步操作是否正确执行。

例如，在生成二维码后，可以输出二维码的尺寸信息，代码如下。

```
#include <Wire.h>  // 引入 Wire 库，用于 I²C 通信
#include <Adafruit_SSD1306.h>  // 引入 Adafruit SSD1306 OLED 显示库
// 创建一个 Adafruit_SSD1306 对象，屏幕宽度为 128 像素、高度为 64 像素
Adafruit_SSD1306 display(128, 64, &Wire, -1);
// 定义一个简单的二维码模式 (6x6)
const int qrCodeSize = 6;
const uint8_t qrCode[qrCodeSize][qrCodeSize] = {
  {1, 0, 1, 1, 0, 1},
  {0, 1, 0, 0, 1, 0},
  {1, 0, 1, 1, 0, 1},
  {1, 0, 1, 1, 0, 1},
  {0, 1, 0, 0, 1, 0},
  {1, 0, 1, 1, 0, 1}
};
void setup() {
  Serial.begin(115200);  // 初始化串口，设置波特率为 115200
```

```
    // 初始化 OLED 显示屏，地址为 0x3C
    if (!display.begin(SSD1306_SWITCHCAPVCC, 0x3C)) {
        Serial.println(F("SSD1306 allocation failed")); // 如果初始化失败，则输出错误信息
        for (;;);  // 死循环，停止程序
    }
    display.clearDisplay();    // 清空显示屏内容
    display.setTextColor(SSD1306_WHITE);   // 设置文字颜色为白色
    display.setTextSize(1);    // 设置文字大小
    display.setCursor(0, 0);   // 设置文字显示的起始位置
    display.print(F("Simple QR Code:"));   // 显示文本
    display.display();     // 更新显示内容
    // 打印二维码的长宽信息
    Serial.print("QR Code Size: ");
    Serial.print(qrCodeSize);
    Serial.print("x");
    Serial.println(qrCodeSize);
    // 绘制二维码
    int pixelSize = 10; // 每个二维码模块在屏幕上的像素大小
    int offsetX = (128 - qrCodeSize * pixelSize) / 2; // 水平居中
    int offsetY = (64 - qrCodeSize * pixelSize) / 2;  // 垂直居中
    for (int y = 0; y < qrCodeSize; y++) {
      for (int x = 0; x < qrCodeSize; x++) {
        if (qrCode[y][x] == 1) {
          display.fillRect(offsetX + x * pixelSize, offsetY + y * pixelSize, pixelSize, pixelSize, SSD1306_WHITE);
        }
      }
    }
    display.display();    // 更新显示内容，显示二维码
}
void loop() {
    // 主循环为空，程序只在 setup() 中执行一次
}
```

这一段代码将在串口监视器中输出二维码的尺寸，帮助开发者确认二维码生成是否成功。

（10）常见问题及解决方法。

在开发嵌入式系统的过程中，常常会遇到各种各样的问题。这些问题可能来自硬件连接、库文件使用、程序逻辑等多个方面。以下是一些常见问题及其

解决方法。

首先，在初始化OLED显示屏时，可能会遇到显示屏无法正常工作的问题。这通常是由于硬件连接不正确或库文件版本不兼容引起的。解决这一问题的第一步是检查硬件连接，确保OLED显示屏与Arduino的连接牢固且正确。同时，检查电源、数据线和接地线的连接情况，确保没有松动或接错。

其次，检查使用的库文件版本。确保安装了最新版本的Adafruit_SSD1306库，并且与Arduino IDE版本兼容。如果库文件版本过旧或不兼容，可能会导致显示屏无法正常工作。大家可以通过Arduino库管理器更新库文件，确保使用最新版本。

此外，还可以通过串口调试输出相关信息，帮助确认问题所在。例如，在初始化OLED显示屏时输出初始化状态信息。

```
    Serial.println("Initializing OLED display...");   // 输出信息，说明正在初始化OLED显示屏
    if (!display.begin(SSD1306_SWITCHCAPVCC, 0x3C) {   // 尝试初始化显示屏，使用内部电源和I²C地址0x3C
        Serial.println("OLED display initialization failed!");   // 如果初始化失败，输出错误信息
        while (1);   // 进入无限循环，阻止程序继续执行
    }
    Serial.println("OLED display initialized.");   // 输出信息，说明OLED显示屏已成功初始化
```

通过输出初始化状态信息，可以确认OLED显示屏是否成功初始化。如果初始化失败，可以进一步检查硬件连接和库文件版本。

综上所述，通过串口调试信息的输出和常见问题的解决，可以有效提高程序的调试和优化效率；通过实时监控程序的运行状态，快速定位问题并进行修正，可以确保程序功能的正常运行，提高开发效率和产品质量。在实际应用中，通过不断实践和优化，可以实现更加复杂和高效的功能，为各种嵌入式应用提供支持。

（11）实际应用与扩展：OLED显示屏在物联网中的应用。

物联网（Internet of Things，简称IoT）是通过互联网将各种设备连接起来，实现信息的自动采集、传输、处理和反馈，从而使物理世界与虚拟世界相融合的一种技术。随着物联网技术的迅速发展，OLED显示屏在物联网设备中的应用越

来越广泛，其独特的显示特性和优异的性能，使其成为物联网设备中信息显示的重要选择。

首先，OLED显示屏具有自发光特性，即每个像素点可以独立发光。这意味着OLED显示屏可以实现高对比度、广视角和快速响应的显示效果。在物联网设备中，显示屏需要在不同的环境条件下提供清晰、易读的信息显示，而OLED显示屏正是凭借其高对比度和广视角的特点，满足了这一需求。例如，在智能家居设备中，OLED显示屏可以清晰地显示各种传感器数据、设备状态和用户界面，无论是在明亮的白天还是在昏暗的夜晚，都能提供良好的可读性。

其次，OLED显示屏的功耗较低。物联网设备通常依靠电池供电，因此低功耗是其设计重点考虑的因素之一。OLED显示屏在显示黑色时，像素点不发光，能够显著降低功耗。对于那些需要长时间运行并且需要频繁更新显示内容的物联网设备，如智能手表、健康监测设备等，OLED显示屏的低功耗特性无疑是其理想的选择。

再次，OLED显示屏具有柔性可弯曲的特性，这使其在物联网设备的设计中具有很大的灵活性。柔性OLED显示屏可以应用于可穿戴设备、智能服装和柔性电子设备等领域。其柔性特性不仅提高了设备的舒适性和实用性，还为设计师提供了更多的创意空间。例如，在智能手表中，柔性OLED显示屏可以贴合手腕的曲线，提高佩戴的舒适性，同时提供高质量的显示效果。

在实际应用中，OLED显示屏在物联网设备中的应用范围广泛。例如，在智能家居系统中，OLED显示屏可以用于智能门锁、智能灯光控制面板和智能家电的显示界面，提供直观的用户操作界面和设备状态显示。在工业物联网领域，OLED显示屏可以用于工厂自动化设备的状态监控和数据展示，提高生产效率和设备管理的智能化水平。在医疗物联网领域，OLED显示屏可以应用于便携式健康监测设备、智能药盒和远程医疗终端，为患者和医护人员提供实时的健康数据和诊疗信息。

为了实现这些应用，开发者需要掌握OLED显示屏的基本操作方法和显示技术。在Arduino平台上，使用Adafruit_SSD1306库可以方便地控制OLED显示屏。以下是一个简单的示例代码，展示了如何在OLED显示屏上显示传感器数据。

```
#include <Wire.h>    // 引入 Wire 库, 用于 I²C 通信
#include <Adafruit_SSD1306.h>    // 引入 Adafruit SSD1306库, 用于控制 OLED 显示屏
#define SCREEN_WIDTH 128    // OLED 显示屏的宽度, 单位为像素
#define SCREEN_HEIGHT 64    // OLED 显示屏的高度, 单位为像素
#define OLED_RESET -1    // OLED 显示屏的复位引脚, 设置为 -1 表示不使用硬件复位引脚
// 创建 Adafruit_SSD1306 对象, 指定显示屏的宽度、高度、I²C 接口及复位引脚
Adafruit_SSD1306 display(SCREEN_WIDTH, SCREEN_HEIGHT, &Wire, OLED_RESET);
void setup() {
  Serial.begin(115200);    // 初始化串口通信, 波特率为 115200, 用于调试输出
  // 初始化 OLED 显示屏, 使用 SSD1306_SWITCHCAPVCC 模式和 0x3C I²C 地址
  if(!display.begin(SSD1306_SWITCHCAPVCC, 0x3C)) {
    Serial.println(F("SSD1306 allocation failed"));    // 如果初始化失败, 输出错误信息到串口监视器
    for(;;);    // 进入无限循环, 停止程序执行, 进行调试
  }
  display.display();    // 刷新显示屏, 确保显示屏初始化完毕
  delay(2000);    // 延时 2 秒, 给用户足够的时间查看初始化信息
  display.clearDisplay();    // 清除显示屏上的内容, 准备显示新的内容
  display.setTextSize(1);    // 设置文本大小为 1
  display.setTextColor(SSD1306_WHITE);    // 设置文本颜色为白色
}
void loop() {
  display.clearDisplay();    // 清除显示屏上的内容, 准备更新显示内容
  // 从模拟引脚 A0 读取传感器值
  int sensorValue = analogRead(A0);
  display.setCursor(0, 0);    // 设置文本光标位置为显示屏的 (0,0) 位置
  display.print("Sensor Value: ");    // 在显示屏上打印 "Sensor Value: "
  display.println(sensorValue);    // 打印传感器的读取值, 并换行
  display.display();    // 刷新显示屏, 显示上述内容
  delay(1000);    // 延时 1 秒, 避免显示内容频繁更新造成的闪烁
}
```

这段代码展示了如何初始化OLED显示屏,并实时显示传感器的数据。通过这种方式,可以将OLED显示屏应用于各种物联网设备中,提供实时的状态监控和数据展示。

综上所述,OLED显示屏在物联网中的应用前景广阔,其高对比度、低功耗和柔性可弯曲等特点,使其在智能家居、工业物联网和医疗物联网等领域具有重要的应用价值。通过掌握OLED显示屏的操作技术和显示方法,可以为物联网设备的开发提供强有力的支持,提高设备的智能化水平和用户体验。

（12）扩展至更复杂的图形显示。

在嵌入式系统中，OLED显示屏不仅可以用于简单的文字和数据展示，还可用于更复杂的图形显示。复杂图形显示不仅包括静态图片的显示，还包括动态图形和动画效果的实现。通过扩展OLED显示屏的显示功能，可以在嵌入式设备中实现更加丰富和多样化的用户界面，提高用户体验和设备的交互性。

首先，静态图片的显示是复杂图形显示的基础。在Arduino平台上，可以使用Adafruit_SSD1306库显示静态图片。通常情况下，需要将静态图片转换为适合OLED显示屏的格式，例如BMP（Windows系统中最基础的无损位图图像格式，采用像素直接存储的方式，支持多种颜色深度，1bit黑白到32bit真彩色）格式。大家可以使用图像转换工具将图片转换为适合显示屏的格式，然后在代码中加载并显示图片。

以下是一段在OLED显示屏上显示静态图片的示例代码。

```
#include <Wire.h>    // 引入Wire库，用于I²C通信
#include <Adafruit_GFX.h>    // 引入Adafruit GFX库，提供图形绘制功能
#include <Adafruit_SSD1306.h>    // 引入Adafruit SSD1306库，用于控制OLED显示屏
#define SCREEN_WIDTH 128    // OLED显示屏的宽度，单位为像素
#define SCREEN_HEIGHT 64    // OLED显示屏的高度，单位为像素
#define OLED_RESET -1    // OLED显示屏的复位引脚，设置为-1表示不使用硬件复位引脚
// 创建Adafruit_SSD1306对象，指定显示屏的宽度、高度、I²C接口及复位引脚
Adafruit_SSD1306 display(SCREEN_WIDTH, SCREEN_HEIGHT, &Wire, OLED_RESET);
// 声明存储在Flash内存中的位图数据
const unsigned char PROGMEM bitmap [] = {
    // 图片数据，通常由图像转换工具生成
};
void setup() {
  Serial.begin(115200);    // 初始化串口通信，波特率为115200，用于调试输出
  // 初始化OLED显示屏，使用SSD1306_SWITCHCAPVCC模式和0x3C I²C地址
  if(!display.begin(SSD1306_SWITCHCAPVCC, 0x3C) {
      Serial.println(F("SSD1306 allocation failed"));    // 如果初始化失败，输出错误信息到串口监视器
      for(;;);    // 进入无限循环，停止程序执行，进行调试
  }
  display.display();    // 刷新显示屏，确保显示屏初始化完毕
  delay(2000);    // 延时2秒，给用户足够的时间查看初始化信息
  display.clearDisplay();    // 清除显示屏上的内容，准备显示新的内容
}
void loop() {
```

```
    display.clearDisplay();    // 清除显示屏上的内容,准备更新显示内容
    // 绘制位图到显示屏,参数分别为 x 位置、y 位置、位图数据、位图宽度、位图高度和绘制颜色
    display.drawBitmap(0, 0, bitmap, 128, 64, SSD1306_WHITE);
    display.display();    // 刷新显示屏,显示上述内容
    delay(1000);    // 延时 1 秒,避免显示内容频繁更新造成的闪烁
}
```

这段代码展示了如何在OLED显示屏上显示静态图片。通过这种方式,开发者可以在嵌入式设备中实现图形化的用户界面,显示设备状态、操作指引和图标等信息。

其次,动态图形和动画效果的实现是复杂图形显示的重要组成部分。动态图形可以通过逐帧更新显示内容实现,而动画效果则需要通过合理的帧率和过渡效果实现。在Arduino平台上,可以使用Adafruit_SSD1306库结合Adafruit_GFX库(Adafruit 公司开发的一个开源图形库,为各种嵌入式显示屏,如OLED、LCD、TFT等,提供统一的2D图形绘制接口。它不直接驱动硬件,而是作为基础图形引擎,需要配合具体的显示屏驱动库,如SSD1306、ST7735等使用)实现动态图形和动画效果。

以下是一个简单的示例代码,展示了如何在OLED显示屏上实现滚动文本的动画效果。

```
#include <Wire.h>    // 引入 Wire 库,用于 I²C 通信
#include <Adafruit_GFX.h>    // 引入 Adafruit GFX 库,提供图形绘制功能
#include <Adafruit_SSD1306.h>    // 引入 Adafruit SSD1306 库,用于控制 OLED 显示屏
#define SCREEN_WIDTH 128    // OLED 显示屏的宽度,单位为像素
#define SCREEN_HEIGHT 64    // OLED 显示屏的高度,单位为像素
#define OLED_RESET -1    // OLED 显示屏的复位引脚,设置为 -1 表示不使用硬件复位引脚
// 创建 Adafruit_SSD1306 对象,指定显示屏的宽度、高度、I²C 接口及复位引脚
Adafruit_SSD1306 display(SCREEN_WIDTH, SCREEN_HEIGHT, &Wire, OLED_RESET);
void setup() {
  Serial.begin(115200);    // 初始化串口通信,波特率为 115200,用于调试输出
  // 初始化 OLED 显示屏,使用 SSD1306_SWITCHCAPVCC 模式和 0x3C I²C 地址
  if(!display.begin(SSD1306_SWITCHCAPVCC, 0x3C)) {
    Serial.println(F("SSD1306 allocation failed"));    // 如果初始化失败,输出错误信息到串口监视器
    for(;;);    // 进入无限循环,停止程序执行,进行调试
  }
  display.display();    // 刷新显示屏,确保显示屏初始化完毕
  delay(2000);    // 延时 2 秒,给用户足够的时间查看初始化信息
```

```
    display.clearDisplay();    // 清除显示屏上的内容,准备显示新的内容
    display.setTextSize(1);    // 设置文字大小为1
    display.setTextColor(SSD1306_WHITE);   // 设置文字颜色为白色
}
void loop() {
    display.clearDisplay();    // 清除显示屏上的内容,准备更新显示内容
    // 循环从 0 到屏幕宽度的每一个像素位置
    for(int i = 0; i < SCREEN_WIDTH; i++) {
        display.clearDisplay();    // 清除显示屏上的内容,确保文本不会留下残影
        display.setCursor(i, 32);  // 设置文本光标的位置, x 坐标为 i, y 坐标为 32
        display.print("Scrolling Text");   // 在当前光标位置显示文本 "Scrolling Text"
        display.display();   // 刷新显示屏,显示上述内容
        delay(50);   // 延时 50 毫秒,以控制文本的滚动速度
    }
}
```

这段代码展示了如何在OLED显示屏上实现滚动文本的动画效果。通过逐帧更新显示内容,实现了文本从左向右滚动的效果。通过这种方式,开发者可以在嵌入式设备中实现动态的用户界面和动画效果,提高用户体验。

此外,还可以实现更复杂的动画效果,例如图标的旋转、图片的平滑过渡和多帧动画等。这些效果通常需要结合图像处理算法和显示控制技术,通过合理的帧率和过渡效果,实现流畅的动画展示。例如,可以实现一个简单的图标旋转动画,具体代码如下。

```
#include <Wire.h>    // 引入 Wire 库,用于 I²C 通信
#include <Adafruit_GFX.h>   // 引入 Adafruit GFX 库,提供图形绘制功能
#include <Adafruit_SSD1306.h>    // 引入 Adafruit SSD1306 库,用于控制 OLED 显示屏
#define SCREEN_WIDTH 128   // OLED 显示屏的宽度,单位为像素
#define SCREEN_HEIGHT 64   // OLED 显示屏的高度,单位为像素
#define OLED_RESET -1   // OLED 显示屏的复位引脚,设置为 -1 表示不使用硬件复位引脚
// 创建 Adafruit_SSD1306 对象,指定显示屏的宽度、高度、I²C 接口及复位引脚
Adafruit_SSD1306 display(SCREEN_WIDTH, SCREEN_HEIGHT, &Wire, OLED_RESET);
// 定义图标数据,通常由图像转换工具生成
const unsigned char PROGMEM icon [] = {
    // 图标数据
};
void setup() {
    Serial.begin(115200);   // 初始化串口通信,波特率为 115200,用于调试输出
    // 初始化 OLED 显示屏,使用 SSD1306_SWITCHCAPVCC 模式和 0x3C I²C 地址
    if(!display.begin(SSD1306_SWITCHCAPVCC, 0x3C)) {
```

```
      Serial.println(F("SSD1306 allocation failed"));  // 如果初始化失败，输
出错误信息到串口监视器
    for(;;);  // 进入无限循环，停止程序执行，进行调试
  }
  display.display();  // 刷新显示屏，确保显示屏初始化完毕
  delay(2000);  // 延时2秒，给用户足够的时间查看初始化信息
  display.clearDisplay();  // 清除显示屏上的内容，准备显示新的内容
}
void loop() {
  display.clearDisplay();  // 清除显示屏上的内容，准备更新显示内容
  // 使图标围绕中心点旋转，角度从0到360度，每次增加10度
  for(int angle = 0; angle < 360; angle += 10) {
    display.clearDisplay();  // 清除显示屏上的内容，确保图标的每一帧都是干净的
    // 绘制图标，使用旋转功能，但Adafruit_SSD1306库不直接支持旋转，需要自定义函数
    // 以下是伪代码，实际需要根据你的库或图形处理方法进行实现
    display.drawBitmap(64, 32, icon, 16, 16, SSD1306_WHITE);  // 在屏幕中心绘制图标
    display.display();  // 刷新显示屏，显示上述内容
    delay(50);  // 延时50毫秒，以控制图标旋转的速度
  }
}
```

这段代码展示了如何在OLED显示屏上实现图标的旋转动画。通过逐帧更新图标的角度，实现了图标的旋转效果。通过这种方式，开发者可以在嵌入式设备中实现复杂的动画效果，提高设备的交互性和用户体验。

综上所述，OLED显示屏在嵌入式设备中具有广泛的应用前景。通过掌握OLED显示屏的基本操作方法和显示技术，开发者可以实现从简单的文字和数据展示到复杂图形和动画效果的扩展。在物联网设备中，OLED显示屏可以提供高质量的显示效果和丰富的用户界面，提高设备的智能化水平和用户体验。通过不断探索和优化，开发者可以实现更加复杂和高效的显示功能，为各种嵌入式应用提供支持。

OLED显示屏作为一种先进的显示设备，因优异的显示效果和广泛的应用场景而备受关注。通过对OLED显示屏的基础知识、工作原理、结构组成及应用场景进行详细了解，开发者可以更好地理解其在现代电子产品中的重要性。随着技术的不断进步和成本的逐步降低，OLED显示屏将在更多领域中发挥重要作用，推动显示技术的不断创新和发展。

在电子工程和嵌入式系统领域，Arduino作为一个开放源代码的电子原型平

台，以其简单易用的硬件和软件系统，成为人们学习和实践电子电路知识及编程技能的首选工具。

通过上述实战项目的详细讲解，我们可以全面掌握Arduino在硬件基础方面的应用技能，从基本的LED灯控制到复杂的舵机控制和串口通信，每一个实战项目都涵盖了电路连接、程序编写和调试等多个环节。通过不断实践和探索，我们将深入理解电子电路和编程知识，为进一步开发复杂的电子项目打下坚实的基础。

第 4 章
人工智能高级进阶

4.1 综合实战 智能箱体

4.1.1 ESP32 控制柜锁

在现代智能家居和物联网应用中,使用ESP32控制柜锁是一项具有重要意义的技术。这种技术不仅能够提高家居生活的安全性,还能够实现远程控制和管理,为用户提供了更高的便利性和安全保障。ESP32作为一款功能强大的微控制器,集成了Wi-Fi和蓝牙功能,成为实现这一目标的理想选择。

ESP32由Espressif Systems公司推出,是一款性能高、功耗低的微控制器,其主要特点如下。

首先,ESP32集成了Wi-Fi和蓝牙功能,支持双模通信,这使其在无线通信方面表现卓越;其次,ESP32具备高达240兆赫的双核处理器,强大的处理能力可以应对复杂的计算任务;再次,ESP32还配备了丰富的I/O接口和外设,能够支持多种通信协议,灵活性极高;此外,低功耗设计则使其非常适合电池供电的应用场景;最后,价格低廉,使其在物联网、智能家居和可穿戴设备等领域得到了广泛应用。

在实现ESP32控制柜锁的过程中,硬件设计是关键环节,以下为主要设计部分的详细讲解。

电源管理是整个系统的基础,确保ESP32和电动柜锁能够稳定运行。通常使用DC-DC降压模块将外部电源（如12伏电源适配器）降压至ESP32所需的3.3伏电压，同时为电动柜锁提供适当的工作电压。这一设计不仅能提供稳定的电源，还能有效提升系统的可靠性。

通信模块的设计依赖ESP32内置的Wi-Fi模块。通过编程，开发者可以实现与家庭无线网络的连接，从而实现远程控制的功能。这一特性极大地简化了硬件设计，无须额外添加外部通信模块，节省了成本和空间。

控制电路的设计利用ESP32的GPIO引脚，通过继电器模块或MOSFET（Metal-Oxide-Semiconductor Field-Effect Transistor，现代电子电路中最重要的半导体器件之一，广泛应用于电源管理、信号放大、数字开关等领域）控制电动柜锁的通断电。这一设计保证了电动柜锁在接收到控制信号后能够迅速、准确地执行开关操作。同时，设计还需要考虑到电路的响应速度和稳定性，以确保控制的实时性和可靠性。

在安全防护方面，设计需加入防反接电路和过流保护等措施。防反接电路可以防止电源接反时对系统造成损害，而过流保护则能够在电流过大时自动切断电源，保护系统不受过流影响。这些安全措施的加入，极大提高了系统的可靠性和安全性，防止非法入侵和破解，确保控制柜锁在各种使用场景下的安全运行。

总结而言，通过合理的电源管理、有效的通信模块利用、精确的控制电路设计，以及全面的安全防护措施，ESP32控制柜锁的硬件设计能够在保障系统稳定性和安全性的基础上，实现高效的远程控制功能。ESP32凭借其高性能、低功耗和价格优势，成为物联网和智能设备领域的理想选择。

软件设计主要包括ESP32的固件编写和远程控制应用程序的开发，具体步骤如下。

（1）ESP32的固件编写。使用Arduino IDE或Espressif提供的开发环境（如ESP-IDF）进行编程，实现Wi-Fi连接、MQTT通信和柜锁控制等功能。

（2）远程控制应用程序的开发。开发手机App或Web应用，通过MQTT协议与ESP32通信，实现对柜锁的远程控制。

下面是一个简单的ESP32控制柜锁的示例代码。

```
#include <Wi-Fi.h>          // 引入Wi-Fi库，用于Wi-Fi功能
#include <PubSubClient.h>   // 引入PubSubClient库，用于MQTT功能
const char* ssid = "Your_SSID";          // Wi-Fi的SSID名称
const char* password = "Your_PASSWORD";  // Wi-Fi的密码
```

```cpp
const char* mqtt_server = "Your_MQTT_Server_IP";  // MQTT 服务器的 IP 地址
const char* mqtt_topic = "cabinet/lock";  // 订阅的 MQTT 主题
Wi-FiClient espClient;  // 创建 Wi-Fi 客户端对象
PubSubClient client(espClient);  // 创建 MQTT 客户端对象,并将其与 Wi-Fi 客户端关联
#define LOCK_PIN 5  // 定义连接柜锁的引脚为 GPIO5
void setup() {
  Serial.begin(115200);  // 初始化串口通信,波特率为 115200
  setup_Wi-Fi();  // 调用函数连接 Wi-Fi
  client.setServer(mqtt_server, 1883);  // 设置 MQTT 服务器和端口号
  client.setCallback(callback);  // 设置 MQTT 回调函数,当接收到消息时调用
  pinMode(LOCK_PIN, OUTPUT);  // 将锁引脚设置为输出模式
  digitalWrite(LOCK_PIN, LOW);  // 初始状态为锁闭,设置引脚为低电平
}
void setup_Wi-Fi() {
  delay(10);  // 延时 10 毫秒,确保 Wi-Fi 初始化
  Serial.println();
  Serial.print("Connecting to ");
  Serial.println(ssid);  // 输出正在连接的 SSID 名称
  Wi-Fi.begin(ssid, password);  // 开始连接 Wi-Fi
  while (Wi-Fi.status() != WL_CONNECTED) {  // 循环直到连接成功
    delay(500);  // 每隔 500 毫秒检查一次连接状态
    Serial.print(".");  // 输出连接进度
  }
  Serial.println("");
  Serial.println("Wi-Fi connected");  // 输出 Wi-Fi 连接成功
  Serial.println("IP address: ");
  Serial.println(Wi-Fi.localIP());  // 输出本地 IP 地址
}
void callback(char* topic, byte* payload, unsigned int length) {
  String message;  // 创建一个字符串对象,用于存储消息
  for (unsigned int i = 0; i < length; i++) {
    message += (char)payload[i];  // 将消息的每个字节转换为字符并添加到字符串中
  }
  Serial.print("Message arrived [");
  Serial.print(topic);  // 输出接收到的消息主题
  Serial.print("] ");
  Serial.println(message);  // 输出接收到的消息内容
  if (message == "OPEN") {
    digitalWrite(LOCK_PIN, HIGH);  // 如果消息为 "OPEN",则开锁
  } else if (message == "CLOSE") {
```

```
      digitalWrite(LOCK_PIN, LOW);    // 如果消息为"CLOSE",则关锁
    }
  }
}
void reconnect() {
  while (!client.connected()) {    // 循环直到连接成功
    Serial.print("Attempting MQTT connection...");
    if (client.connect("ESP32Client")) {    // 尝试连接 MQTT 服务器
      Serial.println("connected");    // 输出连接成功
      client.subscribe(mqtt_topic);    // 订阅 MQTT 主题
    } else {
      Serial.print("failed, rc=");
      Serial.print(client.state());    // 输出连接失败的原因
      Serial.println(" try again in 5 seconds");
      delay(5000);    // 连接失败时等待 5 秒后重试
    }
  }
}
void loop() {
  if (!client.connected()) {
    reconnect();    // 如果 MQTT 客户端未连接,则尝试重新连接
  }
  client.loop();    // 调用 MQTT 客户端的 loop 方法,处理传入的消息
}
```

该代码通过Wi-Fi连接到家庭网络,并使用MQTT协议实现远程控制。通过订阅主题cabinet/lock,接收来自远程控制应用的开锁和关锁指令,并通过GPIO引脚控制电动柜锁的开关状态。

在远程控制应用程序的开发中,可以使用多种技术来实现,例如Flutter(Google推出的开源UI工具包,用于开发跨平台移动应用)用于开发跨平台移动应用,或者使用HTML5和JavaScript(JavaScript,一种脚本语言,用于网页交互和动态功能)开发Web应用。以下将以Flutter为例,详细介绍应用程序的开发步骤和相关技术要点。

(1)环境搭建。为了进行Flutter开发,需要安装Flutter SDK(Software Development Kit,软件开发工具包,包含开发特定软件所需的工具和库)和开发工具。常用的开发工具包括Android Studio和Visual Studio Code。这些工具提供了便捷的开发环境,帮助开发者快速上手Flutter开发。

（2）项目创建。使用Flutter命令行工具可以轻松创建一个新项目。在终端中输入相关命令，便可以生成一个包含基本结构的Flutter项目。这个项目包含初始的目录结构和必要的配置文件，为后续开发打下基础。

（3）界面设计是应用程序开发的重要环节。在设计用户界面时，需要考虑到用户体验，可以设计一个简单而直观的界面，包括显示连接状态的部分，以及用于开锁和关锁的按钮等。通过合理的布局和美观的设计，使用户能够轻松操作。

（4）在实现通信功能时，MQTT协议是一种常用的选择。使用Flutter的第三方库（如mqtt_client），可以实现与MQTT服务器的通信。MQTT是一种轻量级的消息传输协议，非常适合物联网设备的通信需求。通过MQTT协议，应用程序可以与ESP32进行可靠的数据交换，实时发送和接收控制指令。

（5）最后是功能实现部分。编写代码实现与ESP32的交互，确保应用程序能够正确发送开锁和关锁指令。通过对ESP32的控制，可以实现远程开锁和关锁功能。这一部分的实现需要对Flutter和ESP32的编程有一定的了解，并能够熟练使用相关的API和库。

总结而言，即通过合理的环境搭建、科学的项目创建、精心的界面设计，以及高效的MQTT通信，实现远程控制应用程序的功能。Flutter作为一种强大的跨平台开发工具，能够帮助开发者快速实现高质量的应用程序，满足远程控制的需求。远程控制应用程序不仅提升了用户体验，也在智能家居、物联网等领域展示了巨大的应用潜力。

以下是一个简单的Flutter应用程序示例代码。

```
import 'package:flutter/material.dart';   // 引入Flutter的Material库，用于构建UI
import 'package:mqtt_client/mqtt_client.dart' as mqtt;   // 引入mqtt_client库，别名为mqtt
import 'package:mqtt_client/mqtt_server_client.dart';   // 引入MQTT服务器客户端库
void main() => runApp(MyApp());   // 应用程序入口，运行MyApp类
class MyApp extends StatelessWidget {
  @override
  Widget build(BuildContext context) {
    return MaterialApp(
      title: 'ESP32 Cabinet Lock',   // 应用程序标题
      home: MyHomePage(),   // 设置主页为MyHomePage类
```

```dart
      );
    }
  }
  class MyHomePage extends StatefulWidget {
    @override
    _MyHomePageState createState() => _MyHomePageState();  // 创建状态类实例
  }
  class _MyHomePageState extends State<MyHomePage> {
    mqtt.MqttServerClient client;  // 声明 MQTT 服务器客户端对象
    bool isConnected = false;  // 连接状态标志
    @override
    void initState() {
      super.initState();
      connect();  // 初始化时调用 connect 方法连接 MQTT 服务器
    }
    Future<void> connect() async {
      client = mqtt.MqttServerClient('Your_MQTT_Server_IP', '');  // 创建
MQTT 服务器客户端对象,设置服务器 IP
      client.logging(on: true);  // 开启日志记录
      client.onConnected = onConnected;  // 设置连接成功回调函数
      client.onDisconnected = onDisconnected;  // 设置断开连接回调函数
      final mqtt.MqttConnectMessage connMess = mqtt.MqttConnectMessage()
          .withClientIdentifier('FlutterClient')  // 设置客户端标识符
          .startClean();  // 清理会话
      client.connectionMessage = connMess;  // 设置连接消息
      try {
        await client.connect();  // 尝试连接服务器
      } catch (e) {
        print('Exception: $e');  // 捕获连接异常并打印
        disconnect();  // 断开连接
      }
      if (client.connectionStatus.state == mqtt.MqttConnectionState.connected) {
        setState(() {
          isConnected = true;  // 设置连接状态为已连接
        });
      } else {
        disconnect();  // 连接失败,断开连接
      }
    }
```

```dart
  void disconnect() {
    client.disconnect();   // 断开 MQTT 服务器连接
    setState(() {
      isConnected = false;  // 设置连接状态为未连接
    });
  }
  void onConnected() {
    print('Connected');   // 连接成功回调，打印连接成功信息
  }
  void onDisconnected() {
    print('Disconnected');  // 断开连接回调，打印断开连接信息
  }
  void sendMessage(String message) {
      final mqtt.MqttClientPayloadBuilder builder = mqtt.MqttClientPayloadBuilder();
    builder.addString(message);  // 构建消息载荷
     client.publishMessage('cabinet/lock', mqtt.MqttQos.exactlyOnce, builder.payload);  // 发布消息
  }
  @override
  Widget build(BuildContext context) {
    return Scaffold(
      appBar: AppBar(
        title: Text('ESP32 Cabinet Lock'),   // 应用程序标题
      ),
      body: Center(
        child: Column(
          mainAxisAlignment: MainAxisAlignment.center,  // 垂直方向居中
          children: <Widget>[
            isConnected
                ? Text('Connected to MQTT Server')  // 连接状态显示
                : Text('Disconnected'),  // 断开状态显示
            SizedBox(height: 20),  // 空白间隔
            ElevatedButton(
              onPressed: isConnected ? () => sendMessage('OPEN') : null,  // 如果已连接，则发送开锁消息
              child: Text('Open Lock'),  // 按钮文字
            ),
            ElevatedButton(
```

```
                    onPressed: isConnected ? () => sendMessage('CLOSE') :
null, // 如果已连接，则发送关锁消息
                    child: Text('Close Lock'), // 按钮文字
                  ),
              ],
            ),
          ),
        );
      }
    }
```

在实际应用中，确保系统的安全性和可靠性至关重要，以下是一些常见的安全措施和优化方法。

（1）数据加密是保障通信安全的重要手段。在MQTT通信中，使用TLS（Transport Layer Security，加密通信协议，用于保护网络数据传输的安全性）加密可以有效防止数据被窃听和篡改。TLS协议通过对传输的数据进行加密，确保通信的机密性和完整性，使得数据在传输过程中不易被攻击者获取和修改。

（2）身份验证是防止未经授权设备接入的重要措施。在连接MQTT服务器时，使用用户名和密码进行身份验证，能够有效阻止非授权设备的接入，确保只有合法的用户才能进行操作。通过设置强密码和定期更换密码，可以进一步提升系统的安全性。

（3）访问控制机制的实现同样至关重要。在应用程序中，需要设计合理的访问控制机制，仅允许被授权的用户进行控制操作。通过对用户进行权限管理，可以防止未被授权的用户进行敏感操作，从而提高系统的安全性和可靠性。

（4）日志记录是保障系统可追溯性的有效手段。记录所有控制操作和事件，可以在事后进行审计和追踪。这不仅有助于发现和解决问题，还可以为安全事件提供重要的证据支持。

（5）在硬件设计中，加入过流保护和反接保护等电路是提高系统可靠性的关键措施。过流保护可以在电流过大时自动切断电源，防止设备损坏；反接保护则可以防止电源接反时对系统造成损害。这些防护措施能够显著增强系统的耐用性和稳定性。

在实际应用案例中，通过上述技术可以实现多种功能和应用场景，具体如下。

（1）家庭智能柜的应用，可以实现家庭物品的智能管理和安全保护。使用ESP32控制柜锁，用户可以通过手机App或Web应用，随时随地开关柜门。这种远程控制方式不仅方便了用户的日常生活，还提高了家庭物品的安全性。

（2）智能快递柜在公共场所的应用，实现了无人值守的快递收发服务。快递员通过系统分配的开锁码，可以打开指定的柜门进行投递，而用户则可以通过手机App取件。整个过程方便快捷，有效提升了快递服务的效率和用户体验。

（3）智能储物柜在公司或学校中的应用，可以实现员工或学生物品的智能管理。通过远程控制系统，管理员可以灵活管理各个储物柜的使用情况，提高管理效率。这种智能储物柜的应用，不仅提升了管理的便利性，还保障了物品的安全性。

总之，通过合理的数据加密、身份验证、访问控制、日志记录和硬件防护措施，可以显著提升系统的安全性和可靠性。在实际应用中，这些技术和方法不仅保障了系统的稳定运行，还为智能设备在各个领域的应用提供了坚实的技术基础。

ESP32控制柜锁的实现，不仅提升了家庭和公共场所的安全性和便利性，还展示了物联网技术在实际应用中的巨大潜力。通过合理的硬件设计和软件编写，开发者可以实现功能强大、性能可靠的智能控制系统，为用户提供更加智能化的生活体验。在未来的发展中，随着技术的不断进步，ESP32控制柜锁将会有更广泛的应用前景，为智能家居和物联网的发展注入新的活力。

4.1.2　Arduino ESP32 与树莓派通信

在物联网技术的应用中，Arduino ESP32与树莓派通信是一个重要的课题。通过这两种设备的协同工作，人们可以实现数据的采集、处理和远程传输，从而构建出功能强大的智能系统。下面详细介绍Arduino ESP32与树莓派之间的通信方法，包括硬件连接、软件配置、数据传输协议的选择，以及实际应用案例等内容。

在实现Arduino ESP32与树莓派通信的过程中，首先需要进行硬件连接。一般来说，Arduino ESP32和树莓派可以通过串行通信（UART）或无线通信（Wi-Fi、蓝牙）进行数据交换。下面介绍这两种常见的硬件连接方式。

（1）在串行通信方式中，Arduino ESP32与树莓派的连接方法较为简单。具体操作为：将Arduino ESP32的TX引脚连接到树莓派的RX引脚，Arduino ESP32

的RX引脚连接到树莓派的TX引脚，同时确保两者的GND引脚相连。这种连接方式的优点在于实现简单且通信稳定，非常适合近距离的数据传输。然而，其缺点也较为明显，受限于物理连接距离，不适合远程通信场景。

（2）无线通信（Wi-Fi、蓝牙）方式则不受物理连接限制，非常适合远程通信和复杂的网络环境。连接方法为：通过编程使Arduino ESP32和树莓派连接到同一个无线网络，或使用蓝牙配对进行数据传输。这种连接方式的优点在于无物理连接限制，适用于远程通信和复杂网络环境。然而，其缺点是需要额外的软件配置，通信稳定性依赖于网络环境的稳定性。

完成硬件连接后，需要进行软件配置以实现Arduino ESP32和树莓派之间的通信，以下是两种常见的通信协议及其配置方法。

MQTT协议是一种轻量级的消息传输协议，广泛应用于物联网系统。它基于发布或订阅模式，支持低带宽和不稳定网络环境下的数据传输。在配置过程中，需要在Arduino ESP32和树莓派上分别配置MQTT客户端，并连接到同一个MQTT服务器，实现数据的发布和订阅。这种方式不仅适用于资源受限的设备，还能有效应对网络条件不佳的情况，使得数据传输更加可靠。

HTTP（Hyper Text Transfer Protocol，超文本传输协议，用于网页数据传输）是应用层协议，通常用于Web通信。通过HTTP，可以实现Arduino ESP32与树莓派之间的数据传输和远程控制。在配置过程中，需要在Arduino ESP32上编写HTTP客户端代码，发送HTTP请求；在树莓派上配置HTTP服务器，接收并处理这些请求。这种方式的优点在于HTTP的广泛应用和成熟的技术支持，便于开发和调试，适用于需要通过互联网进行数据传输和控制的场景。

通过以上硬件连接和软件配置，可以实现Arduino ESP32与树莓派之间稳定、高效的数据通信。在选择具体的通信方式时，可以根据实际应用场景和需求，选择合适的连接方式和通信协议，以达到最佳的通信效果。在物联网和智能设备的应用中，这些技术手段不仅提升了设备的智能化水平，而且为实现远程监控和控制提供了有力支持。

以下是使用MQTT协议实现Arduino ESP32与树莓派通信的示例代码。

```
#include <Wi-Fi.h> // 包含Wi-Fi库，用于ESP32连接Wi-Fi网络
#include <PubSubClient.h> // 包含PubSubClient库，用于MQTT通信
const char* ssid = "Your_SSID"; // 定义Wi-Fi网络名称（SSID）
const char* password = "Your_PASSWORD"; // 定义Wi-Fi网络密码
```

```cpp
const char* mqtt_server = "Your_MQTT_Server_IP"; // 定义MQTT服务器的IP地址
const char* mqtt_topic = "sensor/data"; // 定义MQTT主题,用于发布传感器数据
Wi-FiClient espClient; // 创建Wi-FiClient对象,用于连接Wi-Fi
PubSubClient client(espClient); // 创建PubSubClient对象,用于处理MQTT通信
void setup() {
  Serial.begin(115200); // 初始化串口通信,设置波特率为115200
  setup_Wi-Fi(); // 调用setup_Wi-Fi函数,连接Wi-Fi网络
  client.setServer(mqtt_server, 1883); // 设置MQTT服务器及端口号(1883是默认MQTT端口)
  client.setCallback(callback); // 设置MQTT回调函数,处理接收到的MQTT消息
  pinMode(LED_BUILTIN, OUTPUT); // 设置板载LED引脚为输出模式
}
void setup_Wi-Fi() {
  delay(10); // 延时10毫秒
  Wi-Fi.begin(ssid, password); // 连接指定的Wi-Fi网络
  while (Wi-Fi.status() != WL_CONNECTED) { // 等待Wi-Fi连接成功
    delay(500); // 每隔500毫秒检测一次连接状态
  }
}
void callback(char* topic, byte* payload, unsigned int length) {
  // 处理接收到的MQTT消息
}
void reconnect() {
  while (!client.connected()) { // 如果MQTT客户端未连接
    if (client.connect("ESP32Client")) { // 尝试连接MQTT服务器,设置客户端ID为"ESP32Client"
      client.subscribe("control/led"); // 连接成功后订阅"control/led"主题
    } else {
      delay(5000); // 如果连接失败,等待5秒后重试
    }
  }
}
void loop() {
  if (!client.connected()) { // 如果MQTT客户端未连接
    reconnect(); // 尝试重新连接MQTT服务器
  }
  client.loop(); // 保持MQTT客户端的连接状态
  float sensorData = analogRead(34); // 从模拟引脚34读取传感器数据
  char msg[50]; // 创建字符数组用于存储消息
```

```
    snprintf(msg, 50, "Sensor value: %f", sensorData); // 格式化传感器数据为
字符串
    client.publish(mqtt_topic, msg); // 发布传感器数据到指定的 MQTT 主题
    delay(2000); // 等待 2 秒后再次读取和发布传感器数据
  }
```

通过上述代码，ESP32可以将传感器数据发布到MQTT服务器，树莓派通过订阅相同的主题获取数据，实现了两者之间的数据通信。

在Arduino中实现ESP32与树莓派通信时，选择合适的数据传输协议至关重要。常见的协议包括MQTT、HTTP、WebSocket（一种支持全双工通信的网络协议）等。不同协议适用于不同的应用场景，以下是各协议的优缺点及应用场景的详细分析。

（1）MQTT协议是一种轻量级的消息传输协议，特别适用于低带宽和不稳定的网络环境。其主要优势在于支持QoS（服务质量）机制，能够保证消息的可靠传递。MQTT协议的设计初衷是用于远程监控和控制，因此在环境监测、智能家居和远程控制等需要实时性的数据传输场景中，MQTT表现出色。

然而，MQTT协议也有其局限性。由于其轻量级设计，不适合大数据传输。此外，消息传输可能存在延迟，影响实时性要求较高的应用。

（2）HTTP是当前网络通信中最广泛使用的协议之一，特别适用于大数据传输和文件下载。其主要优势在于协议的通用性和广泛支持，几乎所有的Web应用都基于HTTP。然而，HTTP的开销较大，每次通信都需要建立和关闭连接，不适合实时性要求高的应用场景。

在远程配置、文件传输和Web接口调用等场景中，HTTP的使用非常普遍。例如，在远程配置中，HTTP可以通过标准的RESTful API（Representational State Transfer API，一种基于REST架构的API设计风格）接口，方便地实现配置数据的传输和处理。

（3）WebSocket协议是一种支持全双工通信的协议，特别适用于实时性要求高的应用。其主要优势在于能够在单一的TCP（Transmission Control Protocol，传输控制协议，确保数据可靠传输）连接上进行双向数据传输，减少了通信延迟，适合实时聊天、在线游戏和数据流传输等应用场景。

然而，WebSocket协议的实现相对复杂，需要额外的软件配置，导致开发和维护的成本增加。在实际应用中，需要权衡其高效、实时通信能力和实现的复杂度。

在Arduino中通过ESP32与树莓派的通信，可以实现多种实际应用，以下是几个典型案例。

（1）智能农业监控系统：在农田中布置多个ESP32节点，连接各种传感器（如温度、湿度、土壤湿度等），通过Wi-Fi将数据发送到树莓派。树莓派作为数据接收和处理中心，使用MQTT协议接收传感器数据，并将其存储在本地数据库中。通过Web界面显示实时数据，提供报警和远程控制功能。此系统实现了对农田环境的实时监控，提高了农业生产效率，减少了人力投入。

（2）智能家居系统：在家庭中布置多个ESP32设备，控制各种家电（如灯光、空调、门锁等），通过Wi-Fi与树莓派通信。树莓派作为中央控制器，使用MQTT协议接收ESP32设备的状态信息，并发送控制指令。通过手机App或Web界面进行远程控制和管理。此系统实现了家庭设备的智能化和自动化，提供了更高的便利性和安全性。

（3）工业设备监控系统：在工厂车间中布置多个ESP32节点，连接各种工业传感器（如温度、压力、流量等），通过Wi-Fi将数据发送到树莓派。树莓派作为数据接收和处理中心，使用MQTT协议接收传感器数据，并将其存储在本地数据库中。通过工业控制系统进行数据分析和报警处理。此系统实现了对工业设备的实时监控和远程维护，提高了生产效率，减少了故障率。

在Arduino中实现ESP32与树莓派通信的过程中，安全性和可靠性是两个重要的考虑因素，以下是一些常见的安全措施和优化方法。

（1）在数据传输过程中，使用TLS或SSL加密，防止数据被窃听和篡改，加密技术能够有效保护传输数据的机密性和完整性。

（2）在连接MQTT服务器或HTTP服务器时，使用用户名和密码进行身份验证，防止未经授权的设备接入。身份验证机制确保只有合法用户和设备能够访问系统资源。

（3）在树莓派上实现访问控制机制，仅允许被授权的用户进行控制操作。通过细粒度的权限管理，能够有效防止未经授权的操作和访问。

（4）记录所有通信操作和事件，便于事后审计和追踪。日志记录是安全审计和问题排查的重要手段，有助于及时发现和解决系统中的安全隐患。

（5）在硬件和软件设计中加入冗余机制，提高系统的可靠性和容错能力。冗余设计可以有效防止单点故障，确保系统在发生部分故障时仍能正常运行。

通过上述措施，开发者可以在实现ESP32与树莓派通信时，确保系统的安全性和可靠性,满足各种实际应用的需求。

总之,通过合理的硬件连接和软件配置,Arduino ESP32与树莓派可以实现高效的通信,为物联网应用提供强有力的支持。无论是环境监测、智能家居还是工业设备监控,这种通信方法都展示了其巨大的应用潜力和广阔的前景。

4.1.3 Arduino ESP32 与 Wi-Fi 连接

在现代物联网(IoT)应用中,设备联网是实现智能化的重要基础。Arduino ESP32作为一种功能强大的微控制器,内置Wi-Fi模块,可以轻松实现联网功能。下面详细介绍Arduino ESP32连接Wi-Fi的方法,包括硬件准备、软件配置、连接步骤、常见问题及其解决方法,并结合具体的应用案例进行深入解析。

在使用Arduino ESP32连接Wi-Fi之前,需要确保具备以下硬件设备和环境条件。

(1)选择合适的ESP32开发板是实现项目的首要步骤。目前,市场上有多种ESP32开发板可供选择,如ESP32-WROOM-32(乐鑫科技推出的一款高性能Wi-Fi、蓝牙双模模组,基于 ESP32-D0WDQ6 芯片,专为物联网和嵌入式设备设计)和ESP32-WROVER-B(是乐鑫科技推出的一款高性能Wi-Fi、蓝牙双模模组,专为需要大内存和外部存储的物联网应用设计)。这些开发板各具特色,用户可以根据项目需求选择适合的型号。ESP32-WROOM-32是一款标准的ESP32模块,适合多数应用场景;而ESP32-WROVER-B则配备了更多的存储空间和PSRAM,适用于需要更多内存资源的复杂应用。

(2)USB数据线用于将ESP32开发板连接到计算机,这不仅是编程和调试的必要工具,也是开发板供电的主要来源。在选择USB数据线时,应确保其支持数据传输功能,而不仅仅是充电功能。质量可靠的USB数据线能够保证稳定的数据传输,提高编程和调试的效率。

(3)计算机是编写和上传代码的核心设备。在计算机上安装Arduino IDE或其他兼容的编程工具,如PlatformIO(一个跨平台的物联网开发生态系统,专为嵌入式系统设计,支持超过 1200 种开发板),可以方便地编写、编译和上传代码至ESP32开发板。Arduino IDE是最常用的开发环境,具有广泛的社区支持和丰富的库资源。安装完成后,必须配置开发环境,包括安装ESP32板卡管理包和所需的库文件。

(4)稳定的Wi-Fi网络是ESP32连接互联网的基础。在准备工作中,需要确保有一个信号稳定的Wi-Fi网络,并记录其SSID（Service Set Identifier,Wi-Fi网络的名称标识符）和密码。这些信息将在代码中用于配置Wi-Fi连接。选择适当的网络频段（2.4吉赫兹或5吉赫兹）和设置合理的信号强度,有助于提升ESP32的连接稳定性和数据传输效率。

除了上述基本设备和环境条件,在实际操作过程中,还应注意以下几个方面,以确保ESP32开发板的正常运行和优化性能。

（1）虽然USB数据线可以为ESP32开发板提供电力,但在某些高负载应用中,USB数据线可能供电不足。此时,需要考虑额外的电源支持。选择适当的电源模块或电池组至关重要,需要确保其能提供稳定且充足的电流,以满足设备的需求。推荐使用具备过流保护功能的电源模块,以防止电流过大损坏开发板。此外,在设计项目时,应评估设备的功耗需求,选择合适的电源方案,确保系统的稳定运行。

（2）在首次使用ESP32开发板时,必须进行一些基础配置。这些配置主要包括选择开发板型号和设置串口端口等。在Arduino IDE中,通过工具选项,可以选择对应的开发板型号,如ESP32 Dev Module（乐鑫科技官方或第三方厂商基于ESP32系列芯片设计的开发板,专为快速原型开发和物联网应用而优化）,以及与开发板连接的串口端口。这些配置确保开发板能够正确与计算机通信,顺利上传和调试代码。除此之外,还可以根据项目需求,调整其他配置选项,如Flash频率、Flash模式等,以优化开发板的性能。

（3）ESP32开发板的固件版本直接影响其功能和性能。为了保持设备的最佳状态,应定期检查并更新开发板固件。通过更新固件,可以获取最新的功能特性和修复已知的漏洞和问题。在进行固件更新时,需要确保使用官方发布的固件版本,以保证其稳定性和兼容性。固件更新过程相对简单,通过Arduino IDE的工具选项,可以方便地进行固件升级操作。

通过上述步骤和注意事项,可以确保ESP32开发板在实际应用中的稳定性和性能,为项目的成功实施提供有力保障。在进行任何操作之前,需要仔细阅读相关文档和指南,确保对每一步操作有充分的了解和准备。

通过以上准备工作,可以确保在使用Arduino ESP32开发板时,具备良好的硬件基础和环境条件,为项目的顺利开展打下坚实的基础。

在使用Arduino IDE进行ESP32开发板配置时,需要按照以下步骤进行设置,以确保开发环境的正确配置和开发板的正常运行。

首先，打开Arduino IDE，在菜单栏中依次选择"文件"→"首选项"命令。在弹出的"首选项"窗口中，找到"附加开发板管理器网址"文本框，并在该文本框中输入ESP32开发板管理器的资源地址，通过它可以下载和安装ESP32相关的开发工具和驱动。输入完成后，单击"确定"按钮保存设置。

接下来依次选择"工具"→"开发板"→"开发板管理器"命令。在弹出的"开发板管理器"窗口中，使用搜索功能输入ESP32，然后在搜索结果中找到ESP32开发板并单击"安装"按钮。此时，Arduino IDE将自动下载并安装ESP32开发板的相关驱动和工具包。安装完成后，ESP32开发板的相关配置选项将出现在"开发板"菜单中。

在Arduino IDE中完成ESP32开发板管理器的安装后，需要选择具体的ESP32开发板型号。在菜单栏中，依次选择"工具"→"开发板"命令，然后在子菜单中选择对应的ESP32开发板型号，如ESP32 Dev Module。选择正确的开发板型号非常重要，它决定了Arduino IDE将使用哪些配置和驱动与开发板进行通信。

将ESP32开发板通过USB数据线连接到计算机后，需要在Arduino IDE中配置串口。串口是开发板与计算机之间通信的桥梁，正确配置串口可以确保代码上传和调试的顺利进行。在Arduino IDE中，依次选择"工具"→"端口"命令，在子菜单中选择对应的串口号。一般情况下，新连接的ESP32开发板会在串口列表中显示为一个新的串口号，用户可以根据连接设备的变化情况选择正确的串口。

在完成硬件准备和软件配置后，可以编写代码实现ESP32与Wi-Fi的连接。以下是实现ESP32连接Wi-Fi的代码示例。

```
#include <Wi-Fi.h> // 包含 Wi-Fi 库，用于 ESP32 连接 Wi-Fi 网络
const char* ssid = "Your_SSID"; // 定义 Wi-Fi 网络的 SSID
const char* password = "Your_PASSWORD"; // 定义 Wi-Fi 网络的密码
void setup() {
  Serial.begin(115200); // 初始化串口通信，设置波特率为115200，用于调试
  Wi-Fi.begin(ssid, password); // 开始连接指定的 Wi-Fi 网络
  while (Wi-Fi.status() != WL_CONNECTED) { // 等待 Wi-Fi 连接成功
    delay(500); // 每 500 毫秒检查一次连接状态
    Serial.print("."); // 在串口输出连接进度
  }
  Serial.println(""); // 输出一个空行，连接成功后用于使格式美观
  Serial.println("Wi-Fi connected."); // 输出 Wi-Fi 连接成功的信息
  Serial.println("IP address: "); // 输出 IP 地址提示信息
```

```
    Serial.println(Wi-Fi.localIP()); // 输出ESP32的本地IP地址
}
void loop() {
    // 空循环，保持连接状态
}
```

在上述代码中，通过Wi-Fi.begin(ssid, password)函数开始连接指定的Wi-Fi网络。在连接过程中，ESP32不断检查Wi-Fi的连接状态，直到连接成功。连接成功后，通过Wi-Fi.localIP()函数获取并输出ESP32的IP地址。

在ESP32与Wi-Fi连接的过程中，可能会遇到一些常见问题。为了确保连接的稳定性和可靠性，需要了解这些问题的原因及其解决方法。

（1）ESP32无法连接到Wi-Fi网络，通常由以下几个因素引起。

① SSID和密码错误：检查Wi-Fi网络的SSID和密码是否输入正确。SSID和密码是区分大小写的，任何拼写错误都会导致连接失败。

② 网络信号问题：ESP32开发板与Wi-Fi路由器之间的距离过远，或有障碍物阻挡，会导致信号强度不足。此时，适当调整开发板和路由器的位置，以确保信号覆盖范围在可接受的范围内。

③ 设备重启：有时路由器或ESP32开发板本身的问题可能导致连接失败。重启Wi-Fi路由器和ESP32开发板，重新尝试连接，通常可以解决这个问题。

（2）即使ESP32成功连接到Wi-Fi网络，也可能会出现频繁掉线的情况。这种情况一般由以下原因引起。

① 网络稳定性：Wi-Fi网络的稳定性直接影响ESP32的连接质量。此时可以检查网络环境，确保信号强度足够，尽量避免干扰源。

② Wi-Fi重连机制：在代码中增加Wi-Fi重连机制，可以提高连接的可靠性。在loop()函数中定期检查Wi-Fi的连接状态，如果检测到掉线情况，立即进行重新连接。这种方法可以有效地减少因网络波动引起的连接中断。

（3）ESP32连接到Wi-Fi网络后，如果无法获取IP地址，通常由以下因素引起。

① DHCP（Dynamic Host Configuration Protocol，动态主机配置协议，用于自动分配IP地址）服务问题：确认Wi-Fi路由器的DHCP服务是否开启，因为DHCP服务负责自动分配IP地址。如果DHCP服务未开启，ESP32将无法获取IP地址。

② 静态IP配置：如果DHCP服务存在问题，可以尝试使用静态IP地址配置。

通过Wi-Fi.config[IPAddress(192, 168, 1, 100)]函数手动设置IP地址,确保ESP32能够正常连接到网络。

在实际操作过程中,还应注意ESP32的固件版本是否为最新版本。定期更新固件,可以获取最新的功能和修复,提升设备的稳定性和性能。此外,在编写代码时,需要注意使用正确的库函数和参数配置,避免因代码错误导致的连接问题。

通过上述方法,开发者可以有效地解决ESP32在连接Wi-Fi过程中遇到的常见问题,确保设备的稳定运行和可靠通信。每一步操作都需要仔细检查和调试,以确保最佳的连接效果。

通过ESP32连接Wi-Fi,可以实现多种智能应用,以下是几个典型的应用案例。

(1)智能家居控制系统:在智能家居系统中,ESP32作为节点设备,通过Wi-Fi连接到家庭网络,实现对各种家电的远程控制和管理。例如,可以使用ESP32控制灯光、电器的开关状态,通过手机App或Web界面进行远程操作,提供智能化的家居体验。

(2)环境监测系统:在环境监测系统中,ESP32连接各种传感器(如温度、湿度、PM2.5等),通过Wi-Fi将数据上传到云端服务器,实现对环境数据的实时监测和分析。例如,可以在城市各个角落布置ESP32节点,实时监测空气质量,并在污染超标时及时发出预警。

(3)远程数据采集系统:在工业领域中,ESP32可以作为数据采集终端,通过Wi-Fi连接到企业网络,将设备运行数据、生产数据等上传到中央控制系统,实现远程监控和管理。例如,可以在工厂车间布置多个ESP32节点,实时采集设备的运行状态和参数,提升生产效率和设备维护效率。

在ESP32连接Wi-Fi的过程中,安全性和连接质量是两个需要重点关注的问题。确保通信的安全性及稳定性,不仅能提升系统的可靠性,还能保障数据的完整性和隐私性。以下是一些常见的安全措施和优化方法。

(1)在数据传输过程中,采用TLS或SSL加密技术能够有效防止数据被窃听和篡改。TLS或SSL是一种加密协议,能够在客户端和服务器之间建立一个安全的通信通道,确保数据传输的保密性和完整性。通过在ESP32中实现TLS/SSL加密,可以保护敏感信息不被未经授权的第三方访问。

(2)在连接Wi-Fi网络时,使用强密码进行身份验证可以有效防止未经授权的设备接入网络。设置复杂且唯一的密码，增加破解难度，是保障网络安全的基本措施。此外，启用Wi-Fi Protected Access（简称WPA，一种无线网络安全协议，用于保护Wi-Fi网络的数据传输安全）或 Wi-Fi Protected Access II（简称WPA2，Wi-Fi联盟于2004年推出的无线网络安全标准，用于替代早期的WPA和WEP协议，是目前最广泛使用的Wi-Fi加密技术）等安全协议，进一步增强网络的安全性。

（3）在Wi-Fi路由器上设置访问控制策略，仅允许授权设备连接网络。这可以通过配置路由器的MAC地址（Media Access Control，设备的唯一硬件地址，用于网络通信）过滤来实现。MAC地址是设备的唯一标识，通过限制特定MAC地址的设备连接，可以有效防止未经授权的设备接入网络。

确保ESP32开发板与Wi-Fi路由器之间的信号强度足够，避免因信号弱导致的连接不稳定。在实际应用中，信号强度的优化可以通过以下几种方法实现。

（1）位置调整：将ESP32开发板和路由器放置在信号较强的位置，避免障碍物阻挡。

（2）天线优化：使用高增益天线，提高信号接收能力。

（3）信道选择：在路由器设置中选择干扰较少的信道，提高信号质量。

在代码中定期检查Wi-Fi连接状态，并在掉线时自动重连，可以提高系统的可靠性。在ESP32的loop()函数中，加入Wi-Fi连接状态检测代码，当检测到掉线情况时，立即进行重新连接。这样的机制可以有效减少因网络波动或其他因素引起的连接中断，保持系统的稳定运行。

总之，通过合理的硬件准备和软件配置，Arduino ESP32可以轻松实现Wi-Fi连接，为各种智能应用提供网络支持。无论是智能家居、环境监测还是工业数据采集，ESP32连接Wi-Fi都展示了其强大的功能和广泛的应用前景。在未来的发展中，随着物联网技术的不断进步，ESP32连接Wi-Fi的实现方式将会变得更加便捷和高效，为智能系统的构建提供更多可能性。

4.2 综合实战　玩转四驱小车

4.2.1 Arduino ESP32 控制小车

在智能硬件领域，四驱小车是一个非常有趣且实用的项目。利用Arduino

ESP32开发板，可以轻松实现对四驱小车的控制。接下来将详细介绍如何通过Arduino ESP32控制四驱小车的移动，包括硬件准备、软件配置、编写代码、调试优化及实际应用等方面内容。

在开始编写代码控制四驱小车之前，首先需要准备以下硬件设备。

（1）选择一款合适的ESP32开发板，如ESP32-WROOM-32或ESP32-WROVER-B。这些开发板具有强大的处理能力和丰富的外围接口，非常适合用来控制复杂的硬件系统。

（2）四驱小车底盘包括电机、车轮、支架等组件。底盘的选择应根据具体应用需求，确保其具有足够的承载能力和稳定性。

（3）电机驱动模块是控制直流电机的核心硬件。常用的模块如L298N（一款经典的双路全桥电机驱动芯片，由意法半导体设计，常用于驱动直流电机、步进电机等负载），可以同时驱动两个直流电机，并支持正反转和PWM调速功能。

（4）为ESP32开发板和电机驱动模块提供稳定的电源供应是保证系统正常运行的前提。电源模块应能够提供足够的电流和电压，以满足各组件的需求。

（5）用于连接电机驱动模块、ESP32开发板和电源模块的连接线应选择质量较好的，以确保连接的可靠性。

电机驱动模块是实现小车控制的关键硬件，本文采用L298N电机驱动模块。具体连接步骤如下。

（1）将L298N模块的电源引脚与电源模块连接，确保为电机提供稳定的电源。通常电源模块需要提供5～12伏的直流电压，具体电压值取决于所使用的电机规格。

（2）将4个直流电机分别连接到L298N模块的输出端，确保每个电机都能够独立控制。L298N模块的输出端通常标记为OUT1、OUT2、OUT3和OUT4，分别对应连接到4个电机的正负极。

（3）将L298N模块的输入控制引脚连接到ESP32开发板的GPIO引脚。通过控制这些引脚的高低电平，可以实现电机的正反转和速度控制。L298N模块的输入引脚通常标记为IN1、IN2、IN3和IN4，对应控制4个电机的方向。此外，还需要将ESP32的PWM引脚与L298N模块的使能引脚（EN1、EN2）连接，以实现电机的速度控制。

在连接硬件时，应特别注意以下几点。

（1）确保电源连接正确：电源模块的输出电压应与L298N模块和ESP32开发板的额定电压相匹配，避免过压或欠压情况的发生。

（2）使用合适的连接线：选择质量较好的连接线，确保电气连接的可靠性。在接线过程中，应避免线材松动或接触不良。

（3）进行详细检查：在接线完成后，应仔细检查各连接点，确保所有连接正确无误。特别是电源和地线的连接，应反复确认，以防止短路或电源反接等问题。

通过以上步骤，可以确保四驱小车的硬件系统构建稳固，为后续的软件编写和调试打下坚实的基础。在实际操作中，还应根据具体情况进行调整和优化，以实现最佳的控制效果和系统的稳定性。

在完成硬件连接后，开始编写代码实现四驱小车的控制，以下是一个完整的代码示例。

```cpp
#include <Wi-Fi.h> // 引入Wi-Fi库，用于Wi-Fi连接
#include <PubSubClient.h> // 引入PubSubClient库，用于MQTT通信
// Wi-Fi配置
const char* ssid = "Your_SSID"; // Wi-Fi名称
const char* password = "Your_PASSWORD"; // Wi-Fi密码
// MQTT配置
const char* mqtt_server = "Your_MQTT_Server"; // MQTT服务器地址
const char* TOPIC = "testtopic01"; // MQTT主题
const char* client_id = "clientId-ApjJZcy9Dh"; // MQTT客户端ID
// 实例化Wi-Fi和MQTT客户端
Wi-FiClient espClient; // Wi-Fi客户端实例
PubSubClient client(espClient); // MQTT客户端实例
// 电机引脚定义
#define ENA1 2 // 电机1使能引脚
#define IN11 27 // 电机1正转引脚
#define IN12 13 // 电机1反转引脚
#define ENA2 4 // 电机2使能引脚
#define IN21 16 // 电机2正转引脚
#define IN22 17 // 电机2反转引脚
#define ENA3 14 // 电机3使能引脚
#define IN31 15 // 电机3正转引脚
#define IN32 26 // 电机3反转引脚
#define ENA4 25 // 电机4使能引脚
```

```cpp
#define IN41 12 // 电机 4 正转引脚
#define IN42 5 // 电机 4 反转引脚
// PWM 配置
#define PWM_CHANNEL1 0 // PWM 通道 1
#define PWM_CHANNEL2 1 // PWM 通道 2
#define PWM_CHANNEL3 2 // PWM 通道 3
#define PWM_CHANNEL4 3 // PWM 通道 4
#define PWM_RESOLUTION 8 // PWM 分辨率
#define PWM_FREQUENCY 5000 // PWM 频率
// 电机运转速度定义
#define speed1 120 // 速度 1
#define speed2 150 // 速度 2
#define speed3 180 // 速度 3
#define speed4 200 // 速度 4
void setup() {
  Serial.begin(115200); // 初始化串口通信，波特率为 115200
  setup_Wi-Fi(); // 初始化 Wi-Fi 连接
  client.setServer(mqtt_server, 1883); // 设置 MQTT 服务器地址和端口
  client.setCallback(callback); // 设置 MQTT 消息回调函数
  // 初始化电机引脚
  pinMode(IN11, OUTPUT); // 设置电机 1 正转引脚为输出模式
  pinMode(IN12, OUTPUT); // 设置电机 1 反转引脚为输出模式
  pinMode(ENA1, OUTPUT); // 设置电机 1 使能引脚为输出模式
  pinMode(IN21, OUTPUT); // 设置电机 2 正转引脚为输出模式
  pinMode(IN22, OUTPUT); // 设置电机 2 反转引脚为输出模式
  pinMode(ENA2, OUTPUT); // 设置电机 2 使能引脚为输出模式
  pinMode(IN31, OUTPUT); // 设置电机 3 正转引脚为输出模式
  pinMode(IN32, OUTPUT); // 设置电机 3 反转引脚为输出模式
  pinMode(ENA3, OUTPUT); // 设置电机 3 使能引脚为输出模式
  pinMode(IN41, OUTPUT); // 设置电机 4 正转引脚为输出模式
  pinMode(IN42, OUTPUT); // 设置电机 4 反转引脚为输出模式
  pinMode(ENA4, OUTPUT); // 设置电机 4 使能引脚为输出模式
  // 配置 PWM 通道
  ledcSetup(PWM_CHANNEL1, PWM_FREQUENCY, PWM_RESOLUTION); // 设置 PWM 通道 1 的频率和分辨率
  ledcSetup(PWM_CHANNEL2, PWM_FREQUENCY, PWM_RESOLUTION); // 设置 PWM 通道 2 的频率和分辨率
  ledcSetup(PWM_CHANNEL3, PWM_FREQUENCY, PWM_RESOLUTION); // 设置 PWM 通道 3 的频率和分辨率
```

```
    ledcSetup(PWM_CHANNEL4, PWM_FREQUENCY, PWM_RESOLUTION); // 设置 PWM 通道
4 的频率和分辨率
    // 将 ENA 引脚连接到相应的 PWM 通道
    ledcAttachPin(ENA1, PWM_CHANNEL1); // 将 ENA1 引脚附加到 PWM 通道 1
    ledcAttachPin(ENA2, PWM_CHANNEL2); // 将 ENA2 引脚附加到 PWM 通道 2
    ledcAttachPin(ENA3, PWM_CHANNEL3); // 将 ENA3 引脚附加到 PWM 通道 3
    ledcAttachPin(ENA4, PWM_CHANNEL4); // 将 ENA4 引脚附加到 PWM 通道 4
}
// Wi-Fi 连接函数
void setup_Wi-Fi() {
    delay(10); // 延时 10 毫秒以确保稳定启动
    Serial.println();
    Serial.print("Connecting to ");
    Serial.println(ssid); // 打印正在连接的 Wi-Fi 名称
    Wi-Fi.begin(ssid, password); // 开始 Wi-Fi 连接
    while (Wi-Fi.status() != WL_CONNECTED) { // 等待 Wi-Fi 连接成功
        delay(500); // 每 500 毫秒打印一个点
        Serial.print(".");
    }
    Serial.println("");
    Serial.println("Wi-Fi connected"); // 打印 Wi-FiWi-Fi 连接成功
    Serial.println("IP address: ");
    Serial.println(Wi-Fi.localIP()); // 打印 Wi-Fi 连接后的 IP 地址
}
// MQTT 回调函数
void callback(char* topic, byte* payload, unsigned int length) {
    Serial.print("Message arrived [");
    Serial.print(topic); // 打印收到的 MQTT 消息主题
    Serial.print("] ");
    String res;
    for (int i = 0; i < length; i++) {
        Serial.print((char)payload[i]); // 打印消息内容
        res += (char)payload[i]; // 将消息内容转换为字符串
    }
    Serial.println();
    // 根据 MQTT 消息内容控制电机
    if (res == "forward") {
        forward(speed1); // 前进
        delay(1500); // 持续 1500 毫秒
```

```
    stop(); // 停止
  } else if (res == "backward") {
    retreat(speed1); // 后退
    delay(1500); // 持续 1500 毫秒
    stop(); // 停止
  } else if (res == "left") {
    left(speed1, speed3); // 左转
    delay(1500); // 持续 1500 毫秒
    stop(); // 停止
  } else if (res == "right") {
    right(speed1, speed3); // 右转
    delay(1500); // 持续 1500 毫秒
    stop(); // 停止
  } else if (res == "stop") {
    stop(); // 停止
  }
}
// 前进函数
void forward(int myspeed) {
  digitalWrite(IN11, HIGH); // 电机 1 正转
  digitalWrite(IN12, LOW);
  ledcWrite(PWM_CHANNEL1, myspeed); // 设置电机 1 的运转速度
  digitalWrite(IN21, LOW); // 电机 2 正转
  digitalWrite(IN22, HIGH);
  ledcWrite(PWM_CHANNEL2, myspeed); // 设置电机 2 的运转速度
  digitalWrite(IN31, HIGH); // 电机 3 正转
  digitalWrite(IN32, LOW);
  ledcWrite(PWM_CHANNEL3, myspeed); // 设置电机 3 的运转速度
  digitalWrite(IN41, LOW); // 电机 4 正转
  digitalWrite(IN42, HIGH);
  ledcWrite(PWM_CHANNEL4, myspeed); // 设置电机 4 的运转速度
}
// 后退函数
void retreat(int myspeed) {
  digitalWrite(IN11, LOW); // 电机 1 反转
  digitalWrite(IN12, HIGH);
  ledcWrite(PWM_CHANNEL1, myspeed); // 设置电机 1 的运转速度
  digitalWrite(IN21, HIGH); // 电机 2 反转
  digitalWrite(IN22, LOW);
```

```
    ledcWrite(PWM_CHANNEL2, myspeed); // 设置电机 2 的运转速度
    digitalWrite(IN31, LOW); // 电机 3 反转
    digitalWrite(IN32, HIGH);
    ledcWrite(PWM_CHANNEL3, myspeed); // 设置电机 3 的运转速度
    digitalWrite(IN41, HIGH); // 电机 4 反转
    digitalWrite(IN42, LOW);
    ledcWrite(PWM_CHANNEL4, myspeed); // 设置电机 4 的运转速度
}
// 左转函数
void left(int myspeed1, int myspeed2) {
    digitalWrite(IN11, HIGH);  // 电机 1 正转
    digitalWrite(IN12, LOW);
    digitalWrite(IN21, LOW);   // 电机 2 反转
    digitalWrite(IN22, HIGH);
    digitalWrite(IN31, HIGH);  // 电机 3 正转
    digitalWrite(IN32, LOW);
    digitalWrite(IN41, LOW);   // 电机 4 反转
    digitalWrite(IN42, HIGH);
    ledcWrite(PWM_CHANNEL1, myspeed2); // 设置电机 1 的运转速度
    ledcWrite(PWM_CHANNEL2, myspeed1); // 设置电机 2 的运转速度
    ledcWrite(PWM_CHANNEL3, myspeed2); // 设置电机 3 的运转速度
    ledcWrite(PWM_CHANNEL4, myspeed1); // 设置电机 4 的运转速度
}
// 右转函数
void right(int myspeed1, int myspeed2) {
    digitalWrite(IN11, HIGH);  // 电机 1 正转
    digitalWrite(IN12, LOW);
    digitalWrite(IN21, LOW);   // 电机 2 反转
    digitalWrite(IN22, HIGH);
    digitalWrite(IN31, HIGH);  // 电机 3 正转
    digitalWrite(IN32, LOW);
    digitalWrite(IN41, LOW);   // 电机 4 反转
    digitalWrite(IN42, HIGH);
    ledcWrite(PWM_CHANNEL1, myspeed1); // 设置电机 1 的运转速度
    ledcWrite(PWM_CHANNEL2, myspeed2); // 设置电机 2 的运转速度
    ledcWrite(PWM_CHANNEL3, myspeed1); // 设置电机 3 的运转速度
    ledcWrite(PWM_CHANNEL4, myspeed2); // 设置电机 4 的运转速度
}
```

```cpp
  // 停止函数
  void stop() {
    ledcWrite(PWM_CHANNEL1, 0); // 停止电机 1
    ledcWrite(PWM_CHANNEL2, 0); // 停止电机 2
    ledcWrite(PWM_CHANNEL3, 0); // 停止电机 3
    ledcWrite(PWM_CHANNEL4, 0); // 停止电机 4
    delay(2000); // 延时 2 秒
  }
  void loop() {
    if (!client.connected()) {
      reconnect(); // 如果 MQTT 连接断开，则重新连接
    }
    client.loop(); // 处理 MQTT 消息
    long now = millis(); // 获取当前时间
    if (now - lastMsg > 2000) { // 每两秒发布一次状态消息
      lastMsg = now; // 更新最后消息时间
      client.publish("testtopic02", "{device:client_id,'status':'on'}");
// 发布状态消息
    }
  }
  void reconnect() {
    while (!client.connected()) { // 如果 MQTT 客户端未连接
      Serial.print("Attempting MQTT connection..."); // 尝试连接 MQTT 服务器
      if (client.connect(client_id)) { // 连接成功
        Serial.println("connected"); // 打印连接成功
        client.subscribe(TOPIC); // 订阅 MQTT 主题
      } else {
        Serial.print("failed, rc=");
        Serial.print(client.state()); // 打印连接失败的原因
        Serial.println(" try again in 5 seconds"); // 打印重试信息
        delay(5000); // 延时 5 秒后重试
      }
    }
  }
```

以上代码实现了通过 Arduino ESP32 控制四驱小车的前进、后退、左转、右转和停止。

在实现通过 Arduino ESP32 控制四驱小车的过程中，涉及 Wi-Fi 连接、MQTT

客户端配置、电机控制及调试与优化等多个方面的工作。以下将详细阐述各部分内容,并探讨实际应用和安全性问题。

(1)在代码的setup()函数中,首先通过调用setup_Wi-Fi()函数建立Wi-Fi连接。此函数负责初始化Wi-Fi连接,并输出连接信息,以确保ESP32能够成功连接到指定的Wi-Fi网络。

(2)MQTT客户端的配置则在setup()函数中完成,设置MQTT服务器的地址和回调函数callback。回调函数用于处理接收到的MQTT消息,从而实现对四驱小车的控制。

(3)电机控制引脚的初始化在setup()函数中进行。各电机的控制引脚被设置为输出模式,并配置了PWM通道以控制电机的运转速度。PWM(脉宽调制)技术用于调节电机的转速,通过设置PWM占空比来精确控制电机的速度和运动方向。

callback()函数是MQTT消息的处理核心。根据接收到的MQTT消息内容,callback()函数调用相应的电机控制函数。这些控制函数包括前进、后退、左转、右转和停止函数,它们通过设置电机引脚的电平和调整PWM占空比来实现对电机的精确控制。前进、后退、左转、右转和停止的操作逻辑被清晰地定义在各自的函数中,确保四驱小车能够按照接收到的指令进行相应的动作。

(4)在代码编写完成后,调试和优化是保证系统稳定性的关键步骤。使用串口调试工具能够实时查看ESP32的调试信息,帮助人们快速定位问题。在调试过程中,建议逐步测试每个功能模块,从Wi-Fi连接到MQTT消息接收,再到电机控制,逐一验证每个功能的正确性。此外,根据实际情况调整PWM占空比和电机速度,确保小车运动的平稳性也是必要的。为了提高系统的稳定性,应在代码中增加异常处理机制,例如Wi-Fi断线重连和MQTT重连。代码优化则可以通过减少冗余代码和提升代码结构的清晰度来实现。

通过Arduino ESP32控制四驱小车,可以实现多种智能应用。

(1)智能巡逻机器人是一个典型的应用场景,通过结合摄像头和传感器模块,构建能够在指定区域内自动巡逻的机器人。该机器人可以实时监控环境,并通过Wi-Fi将数据上传到云端,提升家庭的安全性。例如,在家庭安防系统中,该机器人可以监控家庭环境并在发现异常时发出警报。

(2)自动驾驶小车是另一个重要应用,通过结合GPS模块全球定位系统(Global Positioning System,简称GPS,美国开发的卫星导航系统,通过卫星信号为地面用户提供全球范围内的三维位置,即经度、纬度、海拔、速度和精确时间信息)和路径规划算法,实现无人驾驶功能。在智慧农业中,自动驾驶小车可以在农田中自动巡航,进行植保作业,提高农业生产效率。

(3)智能物流运输车是另一种应用场景,通过结合RFID(Radio Frequency Identification,射频识别技术,用于无线识别和跟踪物体)模块和传感器模块,实现智能化的物流管理。在大型仓库中,智能物流运输车可以自动识别货物,并在仓库内自动运输,提升管理效率和作业安全性。

在控制四驱小车的过程中,保障系统的安全性和稳定性至关重要。

(1)数据加密是确保通信安全的重要措施,建议在Wi-Fi和MQTT通信中使用TLS/SSL加密,防止数据被窃听和篡改。此外,连接Wi-Fi和MQTT服务器时应使用强密码进行身份验证,以防未经授权的设备接入。访问控制策略的设置可以限制仅允许授权设备连接和访问网络资源。

(2)信号优化也是提高系统稳定性的关键,确保ESP32开发板和四驱小车的无线信号强度足够,避免因信号弱导致通信不稳定。定期检查Wi-Fi和MQTT连接状态,并在连接断开时自动重连,有助于提高系统的可靠性和稳定性。

通过以上措施,可以确保四驱小车在实际应用中的稳定运行,并在智能控制领域展现出强大的功能。

通过合理的硬件准备和软件配置,Arduino ESP32可以轻松实现对四驱小车的控制。无论是智能巡逻机器人、自动驾驶小车还是智能物流运输车,ESP32控制四驱小车都展示了其强大的功能和广泛的应用前景。在未来的发展中,随着物联网技术和人工智能技术的不断进步,ESP32控制四驱小车的实现方式将会变得更加便捷和高效,为智能系统的构建提供更多可能性。

4.2.2 Arduino ESP32 与 MQTT 通信

在智能硬件项目中,实现远程控制和数据通信是非常重要的环节。利用Arduino ESP32开发板,可以通过MQTT协议实现与服务器的通信,从而远程控制四驱小车的运动。接下来将详细介绍Arduino ESP32与MQTT通信的实现过程,包括硬件准备、软件配置、编写代码、调试优化及实际应用等方面内容。

在进行MQTT通信的代码编写之前,首先需要进行硬件准备,以确保系统能够正常工作并实现预期功能。以下是有关硬件准备的详细说明及连接步骤。

为了实现基于MQTT协议的四驱小车控制,所需硬件设备包括以下几种。

（1）选择适合的ESP32开发板，如ESP32-WROOM-32或ESP32-WROVER-B。这些开发板具备强大的处理能力和丰富的接口，适合用于无线通信和控制任务。

（2）需要一个包含电机、车轮及支架等组件的四驱小车底盘。这些组件将构成小车的基本运动系统。

（3）使用电机驱动模块（如L298N）来驱动4个直流电机。电机驱动模块能够提供足够的电流和电压，确保电机的正常运转。

（4）提供稳定电源的模块，用于为ESP32开发板和电机驱动模块供电。选择适当的电源模块，以确保电源的稳定性和安全性。

（5）使用连接线将电机驱动模块、ESP32开发板和电源模块连接起来。连接线的选择应根据实际需要确保信号传输稳定可靠。

（6）提供稳定的无线网络连接，以便ESP32能够连接到MQTT服务器。确保Wi-Fi路由器的信号覆盖范围能够满足小车的工作区域。

在硬件准备就绪后，须按照以下步骤完成电机驱动模块的连接，以实现对四驱小车的控制。

将L298N电机驱动模块的电源引脚连接到电源模块。确保电源模块能够为L298N提供稳定的电源，以满足电机驱动需求。

将四个直流电机的引线分别连接到L298N模块的输出端。每个电机需要连接到L298N的一个独立输出端，以实现独立控制。

将L298N模块的输入控制引脚连接到ESP32开发板的GPIO引脚。这些控制引脚通过设置高低电平信号来实现电机的正转、反转以及速度控制。具体的引脚连接和控制信号的配置将决定小车的运动方式和速度。

在完成上述硬件连接后，便可以开始编写代码以实现ESP32与MQTT服务器之间的通信。代码将包括配置Wi-Fi连接、设置MQTT服务器、处理消息回调以及控制电机的逻辑。编写和测试代码的过程中，需要确保所有功能模块正常运作，并能够实现对四驱小车的精确控制。

以下是一个完整的代码示例。

```
#include <Wi-Fi.h>                        // 引入 Wi-Fi 库
#include <PubSubClient.h>                 // 引入 PubSubClient 库用于 MQTT 通信
// Wi-Fi 配置
const char* ssid = "Your_SSID";           // Wi-Fi 网络名
const char* password = "Your_PASSWORD";   // Wi-Fi 密码
// MQTT 配置
```

```cpp
const char* mqtt_server = "Your_MQTT_Server";  // MQTT 服务器地址
const char* TOPIC = "testtopic01";   // 订阅的 MQTT 主题
const char* client_id = "clientId-ApjJZcy9Dh";  // MQTT 客户端 ID
// 创建 Wi-Fi 和 MQTT 客户端实例
Wi-FiClient espClient;                // Wi-Fi 客户端实例
PubSubClient client(espClient);       // MQTT 客户端实例
// 电机引脚定义
#define ENA1 2    // 电机 1 使能引脚
#define IN11 27   // 电机 1 方向控制引脚 1
#define IN12 13   // 电机 1 方向控制引脚 2
#define ENA2 4    // 电机 2 使能引脚
#define IN21 16   // 电机 2 方向控制引脚 1
#define IN22 17   // 电机 2 方向控制引脚 2
#define ENA3 14   // 电机 3 使能引脚
#define IN31 15   // 电机 3 方向控制引脚 1
#define IN32 26   // 电机 3 方向控制引脚 2
#define ENA4 25   // 电机 4 使能引脚
#define IN41 12   // 电机 4 方向控制引脚 1
#define IN42 5    // 电机 4 方向控制引脚 2
// PWM 配置
#define PWM_CHANNEL1 0   // PWM 通道 1
#define PWM_CHANNEL2 1   // PWM 通道 2
#define PWM_CHANNEL3 2   // PWM 通道 3
#define PWM_CHANNEL4 3   // PWM 通道 4
#define PWM_RESOLUTION 8    // PWM 分辨率
#define PWM_FREQUENCY 5000  // PWM 频率
// 电机速度定义
#define speed1 120   // 电机 1 速度
#define speed2 150   // 电机 2 速度
#define speed3 180   // 电机 3 速度
#define speed4 200   // 电机 4 速度
void setup() {
  // 初始化串口
  Serial.begin(115200);   // 设置串口通信波特率为 115200
  // 初始化 Wi-Fi 连接
  setup_Wi-Fi();          // 调用函数连接 Wi-Fi
  client.setServer(mqtt_server, 1883);  // 设置 MQTT 服务器地址和端口
  client.setCallback(callback);  // 设置 MQTT 消息回调函数
  // 初始化电机引脚为输出模式
  pinMode(IN11, OUTPUT);
  pinMode(IN12, OUTPUT);
  pinMode(ENA1, OUTPUT);
  pinMode(IN21, OUTPUT);
```

```cpp
    pinMode(IN22, OUTPUT);
    pinMode(ENA2, OUTPUT);
    pinMode(IN31, OUTPUT);
    pinMode(IN32, OUTPUT);
    pinMode(ENA3, OUTPUT);
    pinMode(IN41, OUTPUT);
    pinMode(IN42, OUTPUT);
    pinMode(ENA4, OUTPUT);
    // 初始化 PWM 通道
    ledcSetup(PWM_CHANNEL1, PWM_FREQUENCY, PWM_RESOLUTION);  // 设置 PWM 通道 1
    ledcSetup(PWM_CHANNEL2, PWM_FREQUENCY, PWM_RESOLUTION);  // 设置 PWM 通道 2
    ledcSetup(PWM_CHANNEL3, PWM_FREQUENCY, PWM_RESOLUTION);  // 设置 PWM 通道 3
    ledcSetup(PWM_CHANNEL4, PWM_FREQUENCY, PWM_RESOLUTION);  // 设置 PWM 通道 4
    // 将 ENA 引脚附加到相应的 PWM 通道
    ledcAttachPin(ENA1, PWM_CHANNEL1);
    ledcAttachPin(ENA2, PWM_CHANNEL2);
    ledcAttachPin(ENA3, PWM_CHANNEL3);
    ledcAttachPin(ENA4, PWM_CHANNEL4);
}
// Wi-Fi 连接函数
void setup_Wi-Fi() {
    delay(10);  // 短暂延迟
    Serial.println();  // 输出换行符
    Serial.print("Connecting to ");  // 输出连接 Wi-Fi 信息
    Serial.println(ssid);
    Wi-Fi.begin(ssid, password);  // 开始连接 Wi-Fi
    while (Wi-Fi.status() != WL_CONNECTED) {  // 等待 Wi-Fi 连接成功
        delay(500);  // 每 500 毫秒检查一次
        Serial.print(".");  // 输出点号表示连接中
    }
    Serial.println("");  // 输出换行符
    Serial.println("Wi-Fi connected");  // 输出 Wi-Fi 连接成功
    Serial.println("IP address: ");  // 输出 IP 地址标签
    Serial.println(Wi-Fi.localIP());  // 输出设备的 IP 地址
}
// MQTT 回调函数
void callback(char* topic, byte* payload, unsigned int length) {
    Serial.print("Message arrived [");  // 输出消息到达标签
    Serial.print(topic);  // 输出消息主题
    Serial.print("] ");
    String res;  // 创建 String 对象以存储消息内容
    for (int i = 0; i < length; i++) {  // 遍历消息负载
        Serial.print((char)payload[i]);  // 输出消息内容
```

```
      res += (char)payload[i];  // 将消息内容添加到 String 对象中
    }
    Serial.println();  // 输出换行符
    // 根据收到的 MQTT 消息控制小车
    if (res == "forward") {
      forward(speed1);  // 前进
      delay(1500);  // 延迟 1500 毫秒
      stop();  // 停止
    } else if (res == "backward") {
      retreat(speed1);  // 后退
      delay(1500);  // 延迟 1500 毫秒
      stop();  // 停止
    } else if (res == "left") {
      left(speed1, speed3);  // 左转
      delay(1500);  // 延迟 1500 毫秒
      stop();  // 停止
    } else if (res == "right") {
      right(speed1, speed3);  // 右转
      delay(1500);  // 延迟 1500 毫秒
      stop();  // 停止
    } else if (res == "stop") {
      stop();  // 停止
    }
}
// 前进函数
void forward(int myspeed) {
  digitalWrite(IN11, HIGH);  // 设置 IN11 为高电平
  digitalWrite(IN12, LOW);   // 设置 IN12 为低电平
  ledcWrite(PWM_CHANNEL1, myspeed);  // 设置电机 1 速度
  digitalWrite(IN21, LOW);   // 设置 IN21 为低电平
  digitalWrite(IN22, HIGH);  // 设置 IN22 为高电平
  ledcWrite(PWM_CHANNEL2, myspeed);  // 设置电机 2 速度
  digitalWrite(IN31, HIGH);  // 设置 IN31 为高电平
  digitalWrite(IN32, LOW);   // 设置 IN32 为低电平
  ledcWrite(PWM_CHANNEL3, myspeed);  // 设置电机 3 速度
  digitalWrite(IN41, LOW);   // 设置 IN41 为低电平
  digitalWrite(IN42, HIGH);  // 设置 IN42 为高电平
  ledcWrite(PWM_CHANNEL4, myspeed);  // 设置电机 4 速度
}
// 后退函数
void retreat(int myspeed) {
  digitalWrite(IN11, LOW);   // 设置 IN11 为低电平
  digitalWrite(IN12, HIGH);  // 设置 IN12 为高电平
```

```
    ledcWrite(PWM_CHANNEL1, myspeed);   // 设置电机 1 速度
    digitalWrite(IN21, HIGH);   // 设置 IN21 为高电平
    digitalWrite(IN22, LOW);    // 设置 IN22 为低电平
    ledcWrite(PWM_CHANNEL2, myspeed);   // 设置电机 2 速度
    digitalWrite(IN31, LOW);    // 设置 IN31 为低电平
    digitalWrite(IN32, HIGH);   // 设置 IN32 为高电平
    ledcWrite(PWM_CHANNEL3, myspeed);   // 设置电机 3 速度
    digitalWrite(IN41, HIGH);   // 设置 IN41 为高电平
    digitalWrite(IN42, LOW);    // 设置 IN42 为低电平
    ledcWrite(PWM_CHANNEL4, myspeed);   // 设置电机 4 速度
}

// 左转函数
void left(int myspeed1, int myspeed2) {
    digitalWrite(IN11, HIGH);   // 设置 IN11 为高电平
    digitalWrite(IN12, LOW);    // 设置 IN12 为低电平
    digitalWrite(IN21, LOW);    // 设置 IN21 为低电平
    digitalWrite(IN22, HIGH);   // 设置 IN22 为高电平
    digitalWrite(IN31, HIGH);   // 设置 IN31 为高电平
    digitalWrite(IN32, LOW);    // 设置 IN32 为低电平
    digitalWrite(IN41, LOW);    // 设置 IN41 为低电平
    digitalWrite(IN42, HIGH);   // 设置 IN42 为高电平
    ledcWrite(PWM_CHANNEL1, myspeed2);  // 设置电机 1 速度
    ledcWrite(PWM_CHANNEL2, myspeed1);  // 设置电机 2 速度
    ledcWrite(PWM_CHANNEL3, myspeed2);  // 设置电机 3 速度
    ledcWrite(PWM_CHANNEL4, myspeed1);  // 设置电机 4 速度
}
// 右转函数
void right(int myspeed1, int myspeed2) {
    digitalWrite(IN11, HIGH);   // 设置 IN11 为高电平
    digitalWrite(IN12, LOW);    // 设置 IN12 为低电平
    digitalWrite(IN21, LOW);    // 设置 IN21 为低电平
    digitalWrite(IN22, HIGH);   // 设置 IN22 为高电平
    digitalWrite(IN31, HIGH);   // 设置 IN31 为高电平
    digitalWrite(IN32, LOW);    // 设置 IN32 为低电平
    digitalWrite(IN41, LOW);    // 设置 IN41 为低电平
    digitalWrite(IN42, HIGH);   // 设置 IN42 为高电平
    ledcWrite(PWM_CHANNEL1, myspeed1);  // 设置电机 1 速度
    ledcWrite(PWM_CHANNEL2, myspeed2);  // 设置电机 2 速度
    ledcWrite(PWM_CHANNEL3, myspeed1);  // 设置电机 3 速度
    ledcWrite(PWM_CHANNEL4, myspeed2);  // 设置电机 4 速度
}
// 停止函数
```

```
  void stop() {
    ledcWrite(PWM_CHANNEL1, 0);   // 设置电机 1 速度为 0
    ledcWrite(PWM_CHANNEL2, 0);   // 设置电机 2 速度为 0
    ledcWrite(PWM_CHANNEL3, 0);   // 设置电机 3 速度为 0
    ledcWrite(PWM_CHANNEL4, 0);   // 设置电机 4 速度为 0
    delay(2000);   // 延迟 2000 毫秒
  }
  void loop() {
    if (!client.connected()) {   // 检查 MQTT 客户端是否连接
      reconnect();   // 如果未连接，重新连接
    }
    client.loop();   // 处理 MQTT 消息循环
    long now = millis();   // 获取当前时间
    if (now - lastMsg > 2000) {   // 每 2000 毫秒发布一次状态消息
      lastMsg = now;   // 更新最后消息时间
      client.publish("testtopic02", "{device:client_id,'status':'on'}");
// 发布状态消息
    }
  }
  // 重新连接到 MQTT 服务器
  void reconnect() {
    while (!client.connected()) {   // 当 MQTT 客户端未连接时
      Serial.print("Attempting MQTT connection...");   // 输出尝试连接信息
      if (client.connect(client_id)) {   // 尝试连接 MQTT 服务器
        Serial.println("connected");   // 输出连接成功
        client.subscribe(TOPIC);   // 订阅指定主题
      } else {
        Serial.print("failed, rc=");   // 输出连接失败信息
        Serial.print(client.state());   // 输出错误码
        Serial.println(" try again in 5 seconds");   // 提示 5 秒后重试
        delay(5000);   // 延迟 5000 毫秒
      }
    }
  }
```

以上代码实现了通过MQTT协议控制四驱小车的前进、后退、左转、右转和停止。具体功能如下。

在编写和实现四驱小车的控制系统时，硬件的准备和软件的调试是关键步骤。以下是对相关过程的详细说明和建议。

在程序的setup()函数中，首先调用setup_Wi-Fi()函数以连接Wi-Fi网络，并输出连接状态。该函数负责初始化Wi-Fi连接，确保ESP32开发板能够接入网络，获

取有效的IP地址，从而实现后续的网络通信功能。

  MQTT客户端配置是在setup()函数中进行的。通过设置MQTT服务器地址和指定回调函数callback，完成MQTT客户端的初始化。回调函数负责处理从MQTT服务器接收到的消息，根据这些消息控制四驱小车的运动状态。

  电机控制引脚的初始化工作也在setup()函数中完成。首先，将所有与电机相关的GPIO引脚设置为输出模式，然后配置PWM通道，这些PWM通道用于调节电机的速度。通过这种配置，可以灵活控制电机的转速和方向，进而实现对小车的精确操控。

  MQTT回调函数callback根据接收到的MQTT消息调用相应的电机控制函数，以实现小车的运动。具体的控制逻辑包括前进、后退、左转、右转和停止。每种动作的实现都通过设置电机引脚的高低电平和PWM占空比来控制电机的转动方向和速度。

  为了确保系统的稳定性和小车的平稳运行，完成代码编写后需要进行调试和优化。调试过程中，使用串口调试工具可以实时查看ESP32的状态信息，帮助定位问题。在逐步测试时，建议从Wi-Fi连接和MQTT消息接收开始，逐步添加电机控制代码，以确保每个部分正常工作。参数调整方面，根据实际情况调整PWM占空比和电机速度，以保证小车运动的平稳性。异常处理机制也需要在代码中添加，例如Wi-Fi断线自动重连、MQTT自动重连等，以提高系统的鲁棒性。优化代码结构，减少冗余代码，能够提升代码的可读性和维护性。

  通过Arduino ESP32和MQTT通信，能够实现多种智能应用。例如，利用ESP32和四驱小车，可以构建智能巡逻机器人，该机器人结合摄像头和传感器模块，能够在指定区域内自动巡逻，并通过Wi-Fi实时上传数据到云端。在家庭安防系统中，这种智能巡逻机器人可以实时监控家庭环境，发现异常情况时及时报警，从而提升家庭的安全性。

  另外，结合GPS模块和路径规划算法，可以构建自动驾驶小车，实现无人驾驶功能。这种自动驾驶小车可以根据预设路径自动行驶，在智慧农业中，它能够在农田中自动巡航并进行植保作业，从而提高农业生产效率。

  在物流管理领域，使用ESP32和四驱小车可以构建智能物流运输车。结合RFID模块和传感器模块，运输车可以自动识别货物，并在仓库内自动运输，实现智能化的物流管理。这种智能物流运输车在大型仓库中可以自动搬运货物，提高仓库管理效率和作业安全性。

在控制四驱小车的过程中，必须关注安全性和优化。数据加密是保证通信安全的关键措施，Wi-Fi和MQTT通信应使用TLS/SSL加密，以防止数据被窃听和篡改。身份验证方面，应使用强密码来防止未经授权的设备接入。访问控制策略在Wi-Fi路由器和MQTT服务器上设置，确保只有授权设备能够连接和访问。此外，确保ESP32开发板和四驱小车的无线信号强度足够，避免因信号弱导致的通信不稳定。代码中应定期检查Wi-Fi和MQTT连接状态，自动重连机制可以提高系统的可靠性。

通过合理的硬件准备和软件配置，Arduino ESP32可以轻松实现与MQTT服务器的通信，从而远程控制四驱小车的运动。无论是智能巡逻机器人、自动驾驶小车还是智能物流运输车，ESP32与MQTT通信都展示了其强大的功能和广泛的应用前景。在未来的发展中，随着物联网技术和人工智能技术的不断进步，ESP32与MQTT通信的实现方式将会变得更加便捷和高效，为智能系统的构建提供更多可能性。

通过以上内容详细介绍了ESP32与MQTT通信的全过程，包括硬件准备、电机驱动模块连接、编写控制代码、调试与优化、实际应用以及安全性与优化，为读者提供了全面的指导和参考。在实际应用中，通过灵活运用这些知识，可以轻松实现ESP32与MQTT服务器的通信，构建出功能强大的智能系统。

4.2.3 制作App控制小车

在现代智能系统中，通过移动应用程序来控制硬件设备已经成为一种主流趋势。利用Arduino ESP32开发板和四驱小车，结合移动应用开发技术，可以实现通过智能手机或平板电脑来远程控制四驱小车的运动。此过程不仅涉及硬件和软件的协同工作，还包括网络通信、用户界面设计和实时控制等多个方面。接下来将详细介绍如何制作一个控制四驱小车的移动应用程序，从开发环境配置到应用程序设计，再到实际应用和测试。

在构建基于App控制四驱小车的系统时，需要充分准备硬件设备和软件工具，以确保系统的稳定性和功能的全面实现。

（1）硬件设备准备。

① Arduino ESP32开发板：作为系统的核心控制单元，负责处理来自App的指令，并控制四驱小车的动作。

② 四驱小车底盘：包括车轮、电机及电机驱动模块。底盘提供了小车的物

理基础，电机驱动模块则用于控制电机的运行。

③ Wi-Fi模块：用于实现与控制App的无线通信。ESP32开发板已集成Wi-Fi功能，因此可直接利用其内建模块进行通信。

④ 智能手机或平板电脑：作为用户操作界面，通过安装控制App与小车进行交互。

（2）软件工具准备。

① Arduino IDE：用于编写和上传ESP32控制代码。此工具提供了开发和调试ESP32程序的环境。

② Android Studio或Xcode（苹果公司推出的官方集成开发环境，专为开发macOS、iOS、iPadOS、watchOS和tvOS应用程序设计。它是Apple生态开发的核心工具，支持多种编程语言，并提供全套开发工具链）：用于开发移动应用程序。根据目标平台的不同，Android Studio适用于Android应用开发，而Xcode则适用于iOS应用开发。

③ MQTT协议库：实现设备与App之间的通信协议。MQTT协议因其轻量级和实时性适用于物联网设备之间的消息传递。

④ 蓝牙（Bluetooth）或Wi-Fi通信库：用于实现与ESP32的无线通信，确保数据的可靠传输。

在开发控制四驱小车的移动应用程序时，应注重用户界面的友好性和控制功能的实现。设计过程包括以下几个主要步骤。

（1）用户界面设计。

① 界面布局：设计简洁直观的用户界面，包含前进、后退、左转、右转、停止等方向控制按钮，以及速度调节滑块。

② 反馈显示：展示小车的当前状态，如速度、方向和连接状态，以便用户实时了解小车的运行情况。

③ 交互体验：确保界面响应迅速，操作流畅，避免因延迟或卡顿影响用户体验。

（2）通信方式选择。

① Wi-Fi通信：优选MQTT协议进行设备间的通信，确保远程控制的实时性和稳定性。

② 蓝牙通信：作为备用通信方式，尤其适用于Wi-Fi网络不可用的环境，提供额外的灵活性。

在移动应用程序开发中,包括以下关键步骤。

(1)配置开发环境。

① 安装开发工具:根据开发平台(Android或iOS),安装相应的开发工具,如Android Studio或Xcode。

② 创建项目:启动一个新项目,并进行基本的项目设置,以方便后续的开发工作。

(2)实现UI界面。

① 设计布局文件:在Android Studio中使用XML(eXtensible Markup Language,一种通用的标记语言,用于结构化存储和传输数据。它被设计为人类可读且机器可解析,广泛应用于配置文件、Web服务、文档格式等领域)或在Xcode中的Storyboard(苹果开发工具Xcode中用于设计iOS或macOS应用用户界面的可视化工具。它通过图形化方式描述应用的界面布局、跳转逻辑和数据流,显著提升开发效率,尤其适合多界面复杂应用)设计用户界面,添加必要的按钮和控件。

② 设置事件监听器:为界面上的按钮和控件设置事件监听器,以处理用户的操作请求。

(3)实现通信功能。

① Wi-Fi通信实现:在应用中实现MQTT协议的客户端功能,连接到ESP32的MQTT服务器,发送控制命令。

② 蓝牙通信实现:若使用蓝牙通信,则需要通过相应的蓝牙库实现与ESP32的配对和数据传输。

(4)控制逻辑编写。

发送控制命令:根据用户操作,发送前进、后退、左转、右转、停止等控制命令到ESP32接收反馈信息,更新应用界面上的状态显示,以便用户获取实时的控制反馈。

(5)测试与调试。

① 功能测试:验证应用程序的各项功能,确保控制命令能准确传输至ESP32,并使小车按照指令执行。

② 性能优化:优化应用程序的性能,减少响应时间,确保界面的流畅性和操作的准确性。

通过上述准备工作和开发步骤,能够实现一个功能全面、操作友好的四驱小车控制系统，从而实现智能化的远程控制和操作。

以下是一个Android应用程序的示例代码，展示了如何实现四驱小车的远程控制功能，示例中使用MQTT协议进行通信。

```java
import android.os.Bundle; // 导入用于管理Activity生命周期的类
import android.view.View; // 导入用于处理视图事件的类
import android.widget.Button; // 导入用于创建按钮的类
import android.widget.SeekBar; // 导入用于创建进度条的类
import androidx.appcompat.app.AppCompatActivity; // 导入AppCompatActivity类，以支持兼容性功能
import org.eclipse.paho.client.mqttv3.MqttClient; // 导入MQTT客户端类
import org.eclipse.paho.client.mqttv3.MqttException; // 导入MQTT异常类
import org.eclipse.paho.client.mqttv3.MqttMessage; // 导入MQTT消息类
import org.eclipse.paho.client.mqttv3.MqttTopic; // 导入MQTT主题类
public class MainActivity extends AppCompatActivity { // 定义MainActivity类，继承自AppCompatActivity
    private MqttClient mqttClient; // 声明MQTT客户端对象
    private String brokerUrl = "tcp://your-mqtt-server:1883"; // MQTT服务器的URL
    private String clientId = "android-client"; // MQTT客户端ID
    private String topic = "control"; // MQTT主题，用于发送控制命令
    private SeekBar speedSeekBar; // 声明速度调节滑块
    private Button forwardButton, backwardButton, leftButton, rightButton, stopButton; // 声明控制按钮
    @Override
    protected void onCreate(Bundle savedInstanceState) { // Activity创建时调用
        super.onCreate(savedInstanceState); // 调用父类的onCreate方法
        setContentView(R.layout.activity_main); // 设置Activity的布局文件
        speedSeekBar = findViewById(R.id.speedSeekBar); // 获取速度调节滑块实例
        forwardButton = findViewById(R.id.forwardButton); // 获取前进按钮实例
        backwardButton = findViewById(R.id.backwardButton); // 获取后退按钮实例
        leftButton = findViewById(R.id.leftButton); // 获取左转按钮实例
        rightButton = findViewById(R.id.rightButton); // 获取右转按钮实例
        stopButton = findViewById(R.id.stopButton); // 获取停止按钮实例
        try {
            mqttClient = new MqttClient(brokerUrl, clientId, null); // 创建MQTT客户端实例
            mqttClient.connect(); // 连接到MQTT服务器
        } catch (MqttException e) { // 捕获MQTT异常
            e.printStackTrace(); // 打印异常信息
```

```
        }
        forwardButton.setOnClickListener(new View.OnClickListener() { // 设置前进按钮的点击监听器
            @Override
            public void onClick(View v) { // 当按钮被点击时
                sendCommand("forward"); // 发送前进指令
            }
        });
        backwardButton.setOnClickListener(new View.OnClickListener() { // 设置后退按钮的点击监听器
            @Override
            public void onClick(View v) { // 当按钮被点击时
                sendCommand("backward"); // 发送后退指令
            }
        });
        leftButton.setOnClickListener(new View.OnClickListener() { // 设置左转按钮的点击监听器
            @Override
            public void onClick(View v) { // 当按钮被点击时
                sendCommand("left"); // 发送左转指令
            }
        });
        rightButton.setOnClickListener(new View.OnClickListener() { // 设置右转按钮的点击监听器
            @Override
            public void onClick(View v) { // 当按钮被点击时
                sendCommand("right"); // 发送右转指令
            }
        });
        stopButton.setOnClickListener(new View.OnClickListener() { // 设置停止按钮的点击监听器
            @Override
            public void onClick(View v) { // 当按钮被点击时
                sendCommand("stop"); // 发送停止指令
            }
        });
    }
    private void sendCommand(String command) { // 发送MQTT消息的方法
        String message = command + ";" + speedSeekBar.getProgress(); // 构造消息内容,包括指令和速度值
        try {
            MqttMessage mqttMessage = new MqttMessage(message.getBytes()); // 创建MQTT消息对象
```

```
                MqttTopic mqttTopic = mqttClient.getTopic(topic); // 获取指定
主题
                mqttTopic.publish(mqttMessage); // 发送消息到指定主题
            } catch (MqttException e) { // 捕获MQTT异常
                e.printStackTrace(); // 打印异常信息
            }
        }
        @Override
        protected void onDestroy() { // Activity销毁时调用
            super.onDestroy(); // 调用父类的onDestroy方法
            try {
                mqttClient.disconnect(); // 断开MQTT连接
            } catch (MqttException e) { // 捕获MQTT异常
                e.printStackTrace(); // 打印异常信息
            }
        }
    }
```

在上述代码中，MainActivity类实现了与MQTT服务器的连接，并提供了5个按钮来控制小车的运动方向。sendCommand（嵌入式开发、串口通信或硬件控制中常见的函数，用于向设备，如传感器、显示屏、模块发送控制指令或数据。具体实现取决于硬件平台和通信协议）方法将控制命令发送到MQTT服务器，ESP32将接收到这些命令并控制小车的运动。

在完成应用程序的开发后，进行实际应用和测试是确保系统可靠性和性能的关键步骤。以下是进行实际应用和测试时需要关注的几个方面。

（1）在应用程序开发完成后，首先需要对每项功能进行验证。具体包括检查所有按钮的点击操作是否能正确发送控制命令，以及小车是否按照指令执行相应的动作。功能验证能够确保应用程序的基本操作符合预期，避免出现功能缺陷导致的控制失效。

（2）测试应用程序的稳定性是另一个重要的步骤。需要关注几个方面，包括网络连接的稳定性和控制命令的实时性。网络稳定性测试可以确保应用程序在不同的网络环境下均能正常运行，而控制命令的实时性测试则是验证指令发送和小车响应时间是否符合要求。通过这些测试，可以确保系统在实际使用过程中不会因稳定性问题而出现故障。

（3）用户体验是应用程序成功的关键因素之一。测试用户界面的易用性和操作的流畅性是评估应用程序质量的重要环节。用户体验测试包括对界面设计、操作的响应速度、交互逻辑等方面的评估。根据测试反馈，进行必要的改进和优化，以提升用户的整体使用体验。

（4）如果需要在多个平台（例如Android和iOS）上运行应用程序，则必须确保它在不同平台上的表现一致。跨平台测试包括在不同操作系统环境下的功能验证和性能测试，以确保所有平台上的应用程序都能稳定运行，且用户体验一致。此步骤有助于确保无论用户使用哪种设备，都能够获得相同的操作体验。

通过上述测试，可以全面评估和优化应用程序的性能和稳定性，从而提高系统的整体可靠性和用户满意度。

通过移动应用程序来控制四驱小车，不仅能够实现便捷的远程控制，还能够提升用户体验，本节详细介绍了从硬件准备、移动应用程序设计、实现控制逻辑、编写代码到实际应用和测试的整个过程。通过结合Arduino ESP32开发板、MQTT协议和移动应用开发技术，可以实现一个功能全面的四驱小车控制系统。在未来的应用中，随着技术的进步和需求的变化，开发者可以进一步扩展和优化该系统，以满足更多的应用场景和需求。

4.3　综合实战　开发对话机器人

4.3.1　ASRPRO 语音识别模块

在智能对话系统中，语音识别技术扮演着至关重要的角色。ASRPRO语音识别模块作为一种先进的语音识别设备，能够实现对语音指令的准确识别，并将其转换为机器可以理解的指令。该模块广泛应用于各种智能设备中，包括智能家居、机器人、车载系统等。本节将详细介绍ASRPRO语音识别模块的工作原理、接口配置、编程实现及实际应用案例，以帮助读者深入了解其功能及应用场景。

ASRPRO语音识别模块是一款具备高性能语音识别能力的设备，其主要特点如下。

（1）高识别率。ASRPRO模块在多种语言和方言语音输入方面表现出色，能够以高识别率准确识别用户的语音指令，这使得系统能够有效处理来自不同语言背景用户的命令。

（2）实时响应。该模块具有快速的语音识别能力，能够即时响应用户的语音指令。这一特性保证了系统的快速反应，从而提高了用户体验和系统的操作效率。

（3）多功能性。除了基本的语音识别功能，ASRPRO模块还支持语音合成、语音控制等功能。其多样化的功能扩展了模块的应用范围，使其能够满足更广泛的需求。

（4）简单接口。ASRPRO模块具有简洁的接口，便于与各种开发板和控制系统进行连接。这种设计简化了硬件的连接过程，降低了使用门槛。

ASRPRO语音识别模块一般通过串口通信的方式与控制系统连接，以下为连接ASRPRO模块所需的硬件及步骤。

（1）ASRPRO语音识别模块。作为语音识别的核心硬件。

（2）控制板（如Arduino或ESP32）。用于处理ASRPRO模块发送的指令。

（3）电源模块。为ASRPRO模块提供稳定的电源供应。

接口连接如下。

（1）TX/RX接口。ASRPRO模块的TX引脚应与控制板的RX引脚连接，而RX引脚则与控制板的TX引脚连接，以实现串口数据的传输。

（2）电源接口。为ASRPRO模块连接适当的电源，确保其正常工作。注意需要根据模块的电源要求选择合适的电源模块。

（3）控制接口。某些模块可能提供额外的控制接口，用于扩展功能或进行调试。在连接这些接口时，需要根据模块的具体要求进行配置。

在进行连接时，必须确保各接口连接正确无误，以避免通信故障或硬件损坏。正确的硬件连接不仅保证了ASRPRO模块的正常工作，也确保了系统整体的稳定性和可靠性。

在完成硬件连接后，需要编写程序以实现对ASRPRO模块的控制和数据处理。以下是一个基于Arduino的示例代码，演示如何使用ASRPRO模块进行语音识别。

```
#include <SoftwareSerial.h>    // 引入SoftwareSerial库，用于串口通信
// 创建一个SoftwareSerial对象，定义接收引脚为10、发送引脚为11
SoftwareSerial asrproSerial(10, 11); // RX, TX
void setup() {
  Serial.begin(9600);               // 初始化串口通信，波特率为9600
  asrproSerial.begin(9600);         // 配置ASRPRO模块的串口通信，波特率为9600
  delay(1000);                      // 延迟1秒，确保模块启动完成
  Serial.println("ASRPRO语音识别模块启动成功"); // 打印启动成功信息
}
```

```
void loop() {
  // 检查 ASRPRO 模块是否有可读数据
  if (asrproSerial.available()) {
    String command = "";            // 初始化一个空的字符串，用于存储接收到的命令
    // 读取 ASRPRO 模块发送的数据
    while (asrproSerial.available()) {
      char c = asrproSerial.read();  // 从串口读取一个字符
      command += c;                  // 将字符追加到命令字符串中
      delay(10);                     // 延迟 10 毫秒，避免数据读取冲突
    }
    Serial.print("识别结果：");     // 打印识别结果的前缀
    Serial.println(command);        // 打印完整的识别结果
    processCommand(command);        // 处理识别到的命令
  }
}
void processCommand(String command) {
  // 检查命令中是否包含 "开灯"
  if (command.indexOf("开灯") != -1) {
    Serial.println("执行开灯操作"); // 打印开灯操作的信息
    // 在此处添加实际的开灯控制代码
  }
  // 检查命令中是否包含 "关灯"
  else if (command.indexOf("关灯") != -1) {
    Serial.println("执行关灯操作"); // 打印关灯操作的信息
    // 在此处添加实际的关灯控制代码
  }
  // 可在此处扩展其他指令的处理逻辑
}
```

在上述代码中，使用了SoftwareSerial（Arduino 平台提供的软件模拟串口通信库，允许在没有硬件串口的引脚上实现串行通信。它特别适用于需要多个串口或硬件串口被占用，如调试的场景）库来创建一个虚拟串口，以便与ASRPRO模块进行通信。在setup函数中，初始化串口通信，并在loop函数中持续读取来自ASRPRO模块的语音识别结果。processCommand（嵌入式系统、串口通信或交互式应用中常见的命令解析函数，用于接收用户输入或外部数据，解析并执行对应的操作。它通常是交互系统的核心逻辑处理器）函数用于处理识别到的指令并执行相应的操作。

ASRPRO语音识别模块的实际应用领域广泛，以下是一些典型的应用案例及其实现方式。

（1）在智能家居控制方面，ASRPRO模块可以通过识别用户的语音指令来管理家庭设备。用户可以利用语音指令来控制灯光、空调、电视等家电，极大地提高了生活的便捷性。系统通过将识别到的语音指令传递至控制系统，然后根据指令对相应的设备进行操作。例如，用户发出"开灯"的指令，模块识别后发送控制信号至灯具，实现开灯功能。这种方式不仅简化了操作流程，还提升了用户的交互体验。

（2）在车载系统中，ASRPRO模块的语音控制功能可以显著提升驾驶的安全性和便利性。驾驶员可以通过语音指令实现导航设置、电话拨打、音量调整等操作。模块将驾驶员的语音指令转换为数字信号，经过处理后与车载控制系统进行交互，进而执行相应的操作。这种语音控制方法能够减少驾驶员在操作车辆时的干扰，保证了行车安全。

（3）在服务型机器人领域，ASRPRO模块的应用使得机器人能够根据语音指令执行各种任务，包括移动、拾取物体、回答问题等。模块通过识别用户的语音命令，将指令传递给控制系统，从而驱动机器人完成指定操作。这种应用场景展现了语音识别技术在智能机器人中的潜力，为人机交互提供了更多的可能性。

在实际应用过程中，可能会遇到一些优化和扩展需求。环境噪声对语音识别准确性的影响不容忽视，因此可以通过噪声抑制技术或增加麦克风阵列来改善识别效果。此外，若需支持多种语言，可以通过模块的配置或软件更新来实现更广泛的语言识别功能。针对特定应用需求，用户还可以自定义词汇库，以提高特定指令的识别率，从而优化语音识别模块的性能。

正确的硬件连接和优化措施不仅保证了ASRPRO模块的稳定工作，还确保了系统整体的可靠性，各接口的准确连接和适当的技术优化，能够显著提升系统的整体表现和用户体验。

ASRPRO语音识别模块作为一种高性能的语音识别设备，凭借其高识别率、实时响应能力和简单接口，广泛应用于各种智能系统中。通过合理的硬件连接、编程实现和实际应用案例，开发者可以充分发挥其在智能家居、车载系统和机器人控制等领域的作用。在实际应用中，根据需求进行优化和扩展，开发者能够进一步提升系统的性能和用户体验。

4.3.2 大语言模型环境搭建和微调

在现代人工智能领域，大语言模型（如GPT-4）已成为处理自然语言理解和生成的核心工具。这些模型的强大能力在于其广泛的知识背景和生成流畅、自然的语言的能力。为了实现具体应用场景中的需求，通常需要对这些模型进行环境搭建和微调，以适应特定的任务和数据集。本节将详细介绍如何搭建大语言模型的运行环境，以及如何对其进行微调，以实现个性化和优化的效果。

环境搭建是使用大语言模型的关键步骤，涵盖了硬件配置、软件安装及相关依赖的设置，以下是详细的环境搭建指南。

（1）在硬件配置方面，大语言模型的训练和推理需要强大的计算资源。为了有效地支持这些任务，通常需要以下硬件配置。

首先，高性能的计算设备是必不可少的。现代大语言模型训练常使用GPU（图形处理单元）或TPU（张量处理单元）来加速计算过程。例如，NVIDIA（一家知名的图形处理器制造商）的A100、V100 GPU，或Google的TPU，能够显著提高模型的训练速度和性能。这些设备能够处理大量的并行计算任务，大幅度缩短训练时间。

其次，大量内存对于大语言模型的训练也至关重要。由于训练过程涉及大规模的数据处理，建议使用64GB及以上的RAM，以确保数据的高效处理和计算的顺利进行。充足的内存可以有效防止数据瓶颈和提高系统的响应速度。

最后，存储设备的选择同样重要。为了容纳模型参数和训练数据，需要足够的存储空间。使用SSD（固态硬盘）可以显著提升数据的读写速度，从而加快数据处理和模型训练的效率。

（2）在软件安装方面，构建一个稳定的开发环境涉及多个步骤。首先，推荐使用Linux操作系统，如Ubuntu（基于Debian的免费开源Linux操作系统，由Canonical公司维护，是全球最流行的Linux发行版之一，以用户友好性和强大的社区支持著称），因为其稳定性和兼容性使其成为深度学习领域的首选平台。Linux系统支持广泛的深度学习工具和库，能够提供良好的开发体验。

（3）Python是大语言模型开发主要的编程语言，因此，安装最新版本的Python至关重要。建议使用虚拟环境工具，如venv（Python内置的轻量级虚拟环境工具，用于创建隔离的Python运行环境，解决不同项目间的依赖冲突问题）

或conda（一个开源的包管理器和环境管理器，最初为Python设计，但现已支持多种编程语言。它不仅能管理Python包，还能处理非Python依赖，特别适合科学计算、数据分析和机器学习项目），来管理项目的依赖关系。虚拟环境能够隔离不同项目的依赖，避免版本冲突，确保开发过程的顺利进行。

（4）深度学习框架的安装是环境搭建的关键环节。主流的深度学习框架，如TensorFlow（Google开发的开源机器学习框架）和PyTorch（Facebook开发的开源机器学习框架），提供了训练和部署大语言模型所需的基本功能。这些框架支持高效地计算和模型管理，能够满足复杂模型的训练需求。根据实际需求选择和安装合适的框架，是保证模型训练效果的前提。

综上所述，通过正确配置硬件资源、选择适合的操作系统和工具，并安装必要的软件组件，可以建立一个高效的开发环境，为大语言模型的训练和应用奠定坚实的基础。

```
pip install tensorflow   # 安装TensorFlow深度学习框架，用于构建和训练深度学习模型
pip install torch torchvision   # 安装PyTorch深度学习框架及其视觉库torchvision，用于构建和训练深度学习模型及处理图像数据
```

用户还可以根据具体需求，安装额外的库，如Transformers（用于处理预训练模型）和Datasets（用于数据处理）。

```
pip install transformers   # 安装Transformers库，这是一个开源的自然语言处理库，提供了各种预训练的模型（如BERT、GPT、T5等），用于文本生成、分类、翻译等任务
pip install datasets   # 安装Datasets库，这是一个开源的数据集管理库，支持多种常用的数据集格式，便于加载和处理数据集，并与Transformers库兼容
```

数据准备在模型训练中至关重要，其主要目标是确保数据的质量和一致性。数据准备过程包括数据收集、清洗和预处理，从而为大语言模型的训练奠定坚实的基础。大语言模型通常需要大量文本数据作为训练素材，这些数据可能包括新闻文章、维基百科条目、论坛帖子等。

（1）在数据收集阶段，根据应用的具体需求获取相关领域的数据。例如，若目标是训练聊天机器人，则需要专注于收集对话数据。数据收集的质量直接影响到模型的训练效果，因此需要确保所收集的数据与应用目标的相关性。

（2）数据清洗旨在去除噪声数据和不相关的信息，以提高数据的准确性和有效性。常见的清洗步骤包括去除重复数据、纠正格式错误、剔除不相关的内容等，这些步骤有助于提升数据集的整体质量。

（3）数据预处理是指将数据格式化为模型可以接受的形式。预处理步骤通常包括分词（将文本划分为单词或子词）、去除停用词（如"的""是"等对任务无帮助的词汇）等。这些处理步骤有助于模型更好地理解和利用数据。

在大语言模型的训练中，微调是一个关键环节。微调是指在预训练模型的基础上，使用特定的数据集进行再训练，以适应特定任务的需求。通过微调，模型能够更好地优化其在特定任务上的表现。

（1）微调过程的第一步是选择适合的预训练模型。常用的预训练模型包括GPT系列（如GPT-3、GPT-4）和BERT系列（Bidirectional Encoder Representations from Transformers，Google于2018年推出的革命性自然语言处理模型，基于Transformer架构，通过双向上下文理解大幅提升了文本表征能力，成为现代NLP的基础模型之一）。这些模型经过大规模的训练，具备了强大的语言理解和生成能力。选择合适的模型可以根据任务的性质来决定，例如GPT模型适合用于文本生成和对话任务，而BERT模型更适合用于文本分类和序列标注任务。

（2）接下来需要准备微调数据。微调数据集应包括与目标任务相关的文本及其对应的标签或目标输出。对于分类任务，数据集应包含文本及其对应的标签；对于对话生成任务，数据集应包含用户输入和模型的响应。这些数据的准备对模型性能的提升至关重要。

（3）配置训练参数是微调过程中的重要步骤。主要的训练参数包括学习率、批次大小和训练轮次。学习率决定了模型参数更新的步长，选择合适的学习率可以避免训练过程中的不稳定性或收敛过慢；批次大小是指每次训练中处理的数据量，较大的批次大小能够加速训练，但需要考虑内存的限制；训练轮次指的是模型在数据集上训练的次数，训练轮次应根据任务的复杂性和数据集的大小进行调整，以达到最佳的训练效果。

通过上述步骤，能够有效地为大语言模型的训练和应用做好充分准备，提高模型在特定任务上的表现和可靠性。

接下来就可以使用准备好的数据和训练参数进行模型微调了，以下是基于Transformers库的微调示例代码。

```
from transformers import GPT2LMHeadModel, GPT2Tokenizer, Trainer, TrainingArguments
# 加载预训练的GPT-2模型和分词器
model = GPT2LMHeadModel.from_pretrained('gpt2')  # 从Hugging Face模型库加载预训练GPT-2模型
```

```
    tokenizer = GPT2Tokenizer.from_pretrained('gpt2')    # 从 Hugging Face 模型
库加载与 GPT-2 对应的分词器
    # 准备微调数据的预处理函数
    def preprocess_function(examples):
        # 使用分词器将输入的文本转换为模型可接受的格式
        # 对文本进行分词,同时进行填充和截断,以确保输入长度一致
        return tokenizer(examples['text'], padding="max_length",
truncation=True)
    # 配置训练参数
    training_args = TrainingArguments(
        per_device_train_batch_size=4,    # 将每个设备训练的批次大小设置为 4
        per_device_eval_batch_size=4,     # 将每个设备评估的批次大小设置为 4
        num_train_epochs=3,                # 将训练轮次设置为 3 轮
        logging_dir='./logs',              # 设置日志目录以便跟踪训练过程中的日志
    )
    # 初始化 Trainer 对象
    trainer = Trainer(
        model=model,                       # 指定用于训练的模型
        args=training_args,                # 传入训练参数
        train_dataset=train_dataset,       # 训练数据集
        eval_dataset=eval_dataset,         # 评估数据集
        tokenizer=tokenizer,               # 指定分词器
    )
    # 开始训练
    trainer.train()                        # 调用 train 方法开始模型训练
```

在上述代码中，使用GPT2LMHeadModel（Hugging Face Transformers库中提供的GPT-2语言模型，带语言建模头的官方实现，专门用于文本生成和自回归语言建模任务）作为预训练模型，通过Trainer（Hugging Face Transformers库中提供的高级训练工具，专为简化深度学习模型，尤其是Transformer模型如BERT、GPT等，的训练、评估和预测流程而设计）类进行微调。需要先对数据集进行预处理，并将其传递给Trainer进行训练。

在大语言模型的微调完成后，进行评估与优化是确保模型性能的关键步骤。评估阶段通过测试集来验证模型在目标任务上的表现，常用的评估指标包括BLEU分数（Bilingual Evaluation Understudy，一种评估机器翻译质量的指标）和ROUGE分数（Recall-Oriented Understudy for Gisting Evaluation，一种评估文本生成质量的指标），具体取决于任务的性质。优化阶段则根据评估结果调整训练参

数或数据，以进一步提升模型的性能。

首先，使用测试集对微调后的模型进行评估，计算并分析各个性能指标。这一过程能够揭示模型在实际应用中的表现，如准确性、生成质量等。评估的结果可以帮助人们识别模型的优点与不足，从而指导进一步的优化。

在评估之后，根据评估结果进行优化是必不可少的。优化可能包括调整训练参数（如学习率、批次大小等），或者对数据进行重新处理（如增加数据多样性或改进数据标注）。这些调整旨在提升模型的整体性能，确保其在特定任务中的表现更加优秀。

通过对大语言模型进行微调，可以实现多种智能解决方案，具体应用场景如下。

（1）在智能客服系统中，通过微调语言模型，可以自动回答客户的常见问题，从而提高客服的工作效率。模型的微调可以针对特定领域的客户问题进行优化，使其能够更准确地理解并回应用户的需求。

（2）个性化推荐系统则通过微调模型，根据用户的历史行为和偏好生成个性化的推荐内容。通过对模型进行特定领域的微调，可以使系统更好地理解用户需求，进而提供更符合用户兴趣的推荐结果。

（3）在自动文本生成领域，微调的语言模型可用于生成高质量的文本内容，如文章和报告。通过对模型进行具有针对性的微调，可以生成符合特定内容需求的文本，提升内容创作的效率和质量。

这些应用案例展示了大语言模型微调广泛的应用潜力，充分发挥了模型在实际任务中的智能化能力。

大语言模型的环境搭建和微调是实现自然语言处理应用的关键步骤。通过合理的硬件配置、软件安装和数据准备，可以搭建适合的运行环境。通过对预训练模型进行微调，可以实现特定任务的优化，提升模型在实际应用中的表现。了解和掌握这些技术，将有助于推动智能应用的发展，并提高系统的智能化水平。

4.3.3　Whisper 做文字识别

在现代人工智能领域，语音识别技术已经成为重要的研究方向之一。Whisper（OpenAI开发的一个自动语音识别系统，用于将语音转换为文本）是OpenAI推出的一款强大的语音识别模型，能够高效地将语音转换为文本。该模型的主要优势在于其卓越的识别能力和处理多种语言的能力，适用于各种语音识别应用场景。本节将详细探讨如何使用Whisper进行文字识别，包括模型介绍、环境配置、代码实现及应用示例。

Whisper模型是一种端到端的语音识别系统，旨在将音频信号准确地转换为书面文本。该模型通过深度学习算法在大规模语音数据集上进行训练，从而实现高精度的语音到文本的转换。Whisper的主要特点如下。

（1）Whisper具备识别多种语言语音的能力，使其在全球范围内的应用更加广泛和灵活，其多语言支持性能确保了不同语言用户的语音能够被准确地转换为文本，从而提高系统的适用性。

（2）Whisper通过对大量数据的深入学习，能够在处理各种口音和不同噪声环境中的语音时，依然保持较高的准确性。这种高准确性使得Whisper在实际应用中表现出色，即使在嘈杂的环境中也能够提供稳定的识别结果。

该模型支持几乎实时的语音数据处理，适合需要快速响应的应用场景。这一特性使得Whisper能够满足对实时性要求较高的任务，例如实时翻译和即时语音记录等。

为了顺利运行Whisper模型，需要配置合适的环境，包括硬件、软件，以及相关的库和依赖，下面介绍环境配置的详细步骤。

虽然Whisper对硬件的要求相对较低，普通计算机或服务器即可满足其基本运行需求，但为了提高处理效率和速度，建议使用具备较高计算能力的设备。特别是在处理大规模数据或要求高速度的场景下，带有强大CPU的计算机或高性能的GPU服务器将显著提升系统的性能。

Whisper的开发和运行通常基于Linux系统，如Ubuntu。这是因为Linux系统提供了更好的兼容性和稳定性，有助于优化模型的性能和稳定性。因此，选择Linux作为操作系统是推荐的做法，以确保Whisper高效运行。

Whisper主要使用Python编程语言进行开发，因此需要在系统中安装Python及相关的库。具体安装步骤如下。

① 安装Python：确保系统中安装了Python 3.7或以上版本，可以通过以下命令安装。

```
sudo apt-get update   # 更新本地的软件包列表，以确保从最新的软件源获取信息
sudo apt-get install python3 python3-pip   # 安装Python 3及其包管理工具pip，以便于后续安装其他Python库
```

② 安装Whisper库：使用Python的包管理工具pip（Pip Installs Packages，Python 的官方包管理工具，用于安装、升级和管理第三方 Python 库）安装Whisper库，可以通过以下命令进行安装。

```
pip install whisper   # 使用 pip 安装 Whisper 库，以便在 Python 环境中使用 Whisper 进行语音识别
```

③ 安装其他依赖：Whisper库可能依赖其他Python库，如NumPy（Python的数值计算库，支持多维数组和矩阵运算）、PyTorch等，因此安装这些库以确保Whisper的正常运行。

```
pip install numpy   # 使用 pip 安装 NumPy 库，以提供高效的数组操作功能，用于数据处理和计算
pip install torch   # 使用 pip 安装 PyTorch 库深度学习框架，Whisper 模型依赖 PyTorch 来执行计算和训练
```

在完成环境配置后，接下来便是编写代码以实现语音到文本的转换。以下示例代码展示了如何使用Whisper模型进行文字识别，涵盖了从加载模型到处理语音数据的全过程。

首先，导入Whisper库并加载预训练的语音识别模型。Whisper提供了不同规模的模型，用户可以根据需求选择合适的模型。

```
import whisper   # 导入 Whisper 库，用于加载和使用 Whisper 语音识别模型
# 加载 Whisper 模型
model = whisper.load_model("base")   # 加载 Whisper 的基础模型。"base" 是模型的规模，另外还有 "small" "medium" "large" 等选项，根据需要选择适合的模型规模即可
```

Whisper模型要求输入的音频数据为特定格式。需要对音频进行预处理，将其转换为Whisper可以处理的格式。以下代码演示了如何读取音频文件并进行预处理。

```
import whisper   # 导入 Whisper 库，用于加载和使用 Whisper 语音识别模型
import numpy as np   # 导入 NumPy 库，用于处理数组数据
import torch   # 导入 PyTorch 库，Whisper 模型在此框架上运行
from pydub import AudioSegment   # 导入 PyDub 库，用于处理音频文件
from whisper import load_model   # 从 Whisper 库导入 load_model 函数，用于加载模型
# 加载 Whisper 模型
```

```
    model = load_model("base")    # 加载Whisper的基础模型。"base"是模型的规模，另
外还有"small" "medium" "large"等选项，根据需要选择适合的模型规模即可
    def preprocess_audio(file_path):
        # 读取音频文件
        audio = AudioSegment.from_file(file_path)    # 使用AudioSegment从指定路径
加载音频文件
        audio = audio.set_frame_rate(16000)    # 将音频的采样率设置为16000赫兹，符
合Whisper模型的要求
        audio = audio.set_channels(1)    # 将音频转换为单声道，Whisper模型通常处理
单声道音频
        audio = audio.set_sample_width(2)    # 设置音频样本的宽度为2字节（16位），
确保音频数据格式一致
        return np.array(audio.get_array_of_samples())    # 将音频样本转换为NumPy
数组，方便后续处理
    # 处理音频数据
    audio_data = preprocess_audio("sample.wav")    # 调用preprocess_audio函数，
读取并预处理音频文件"sample.wav"，返回处理后的音频数据
```

使用Whisper模型对预处理后的音频数据进行语音识别。以下代码展示了如何调用模型进行预测，并输出识别结果。

```
    def transcribe_audio(model, audio_data):
        # 将音频数据转换为Tensor，以便用于模型推理
        audio_tensor = torch.tensor(audio_data).float().unsqueeze(0)    # 将
NumPy数组转换为PyTorch Tensor，并将其数据类型设置为float。unsqueeze(0)用于增加一个维
度，使其符合模型输入要求
        # 进行语音识别
        result = model.transcribe(audio_tensor)    # 调用Whisper模型的transcribe
方法进行语音识别，将音频Tensor传入模型并获取识别结果
        return result['text']    # 从识别结果中提取文本部分并返回
    # 调用transcribe_audio函数，使用加载的模型和处理后的音频数据进行语音转录
    transcription = transcribe_audio(model, audio_data)    # 将模型和音频数据传递
给transcribe_audio函数，获取转录后的文本
    print("Transcription:", transcription)    # 打印转录结果
```

在上述代码中，transcribe_audio（语音处理领域的核心功能，指将音频中的语音内容自动转换为文字）函数负责将音频数据转换为适合模型处理的Tensor格式，并利用Whisper模型进行语音识别，具体操作流程如下。

首先将音频数据转换为PyTorch的Tensor对象。这一步骤包括将原始的NumPy（Numerical Python，Python生态中科学计算的核心库，提供高性能的多

维数组对象和数学工具,是数据分析、机器学习、图像处理等领域的基础依赖)数组转换为 Tensor,并确保其数据类型为 float。通过使用 unsqueeze(0)(PyTorch 和类似张量库中的一个维度扩展操作,用于在张量的指定位置插入一个长度为1的新维度。这个操作不改变数据本身,仅改变张量的形状,是神经网络输入预处理中的常见操作)方法,增加了一个维度,使得 Tensor 结构符合 Whisper 模型的输入要求。

接下来调用 Whisper 模型的 transcribe(通常指将语音内容转换为文字的过程,或将一种语言或格式的内容转换为另一种语言或格式)方法对转换后的音频数据进行语音识别。对模型进行处理后,将识别结果以字典的形式返回,其中包含识别到的文本信息。

最后函数从识别结果中提取文本内容,并将其返回。通过调用 transcribe_audio 函数,结合加载的模型和处理后的音频数据,可以获得转录后的文本,并将其输出到控制台,以供用户查看。

Whisper模型的应用领域涵盖了多个重要场景,其强大的语音识别能力使其在实际应用中表现卓越,以下是几个典型的应用实例。

(1)在语音助手应用中,Whisper能够将用户发出的语音指令转换为文本,从而实现对各种设备的控制和信息查询。这种应用使得用户能够通过自然语言与设备进行互动,提高了操作的便捷性和效率。

(2)在会议记录方面,Whisper能够实时将会议中的语音内容转录为文本,生成会议记录。这一功能不仅简化了记录过程,还便于后续的查阅和整理,提升了会议记录的准确性和实用性。

(3)字幕生成是Whisper的一个重要应用场景。在视频内容处理中,Whisper可以将视频中的语音内容转化为字幕,显著提升视频的可访问性和用户体验。这对听力障碍人士来说尤为重要,同时也提高了视频内容的传播范围和受众体验。

(4)此外,通过将语音识别与翻译技术结合,Whisper还能够实现语音内容的跨语言翻译。这一功能使得不同语言的用户能够进行顺畅的沟通,突破了语言障碍,为国际交流和多语言环境下的沟通提供了有效解决方案。

总之,Whisper作为一种先进的语音识别技术,通过其强大的模型和高准确率的识别能力,能够有效地将语音转换为文本。通过对环境的合理配置、代码的实现及应用场景的探索,可以充分发挥Whisper在各类语音识别应用中的潜力。

在实际应用中，Whisper不仅可以提升语音识别的效率和准确性，还能够为用户带来更为便捷和智能的体验。

4.3.4 ChatTTS文字合成语音

在当今技术进步的背景下，文字到语音（Text-to-Speech，简称TTS）技术正在不断发展，并成为各种应用的重要组成部分。ChatTTS（一种文字转语音技术，用于将文字转换为语音）作为一种先进的文字合成语音技术，通过自然的语音合成和丰富的语音表达，为用户提供了高度逼真的语音输出。该技术不仅能提升用户体验，还广泛应用于虚拟助手、教育、无障碍服务等领域。接下来将详细探讨如何使用ChatTTS将文字合成为语音，包括技术背景、环境配置、代码实现及应用实例。

ChatTTS是一种先进的深度学习技术，旨在将文本信息转换为自然流畅的语音。与传统的语音合成技术相比，ChatTTS在语音生成方面具有显著优势，其主要特点如下。

（1）ChatTTS能够生成接近真人语音的合成效果，语音自然且流畅。这种高质量的合成语音不仅提升了用户的听觉体验，也使得语音输出更具真实感。

（2）ChatTTS支持多种语音风格和情感表达，能够根据文本内容及其上下文进行相应的语调调整。这一功能使得生成的语音更加贴合实际使用场景，能够有效地传达文本中的情感和语气。

（3）ChatTTS支持多种语言和方言的语音合成，适应了不同语言环境下的应用需求。这种多语言支持能力拓展了ChatTTS的应用范围，使其能够满足全球用户的需求。

要使用ChatTTS进行文字合成语音，需要配置相应的运行环境。环境配置包括硬件、软件及必要的库和工具，具体步骤如下。

（1）ChatTTS对硬件的要求相对较低，但为了提升性能和速度，建议使用计算能力较强的设备。现代计算机或服务器通常能够满足基本的运行需求，尤其是带有强大CPU和GPU的设备可以显著提高语音合成的效率。

（2）在操作系统方面，推荐使用Linux系统，其兼容性和稳定性较好。虽然也可以在Windows或macOS环境中运行ChatTTS，但可能需要额外的配置步骤，以确保系统的顺利运行。

使用ChatTTS将文字合成为语音通常需要Python环境，并安装相关的库和工具,以下是安装步骤。

(1)安装Python:确保系统中安装了Python 3.7或以上版本,可以通过以下命令安装Python。

```
sudo apt-get update    # 更新软件包列表,确保获取到最新的软件包信息
sudo apt-get install python3 python3-pip    # 安装 Python3 及其包管理工具 pip
```

(2)安装ChatTTS库:通过Python的包管理工具pip安装ChatTTS库。根据具体的ChatTTS实现,安装命令可能有所不同。例如,对于某些ChatTTS实现,可能需要安装以下库。

```
pip install chat-tts    # 安装 ChatTTS 库,这是用于将文本转换为语音的 Python 包
```

(3)安装其他依赖:ChatTTS库可能依赖其他Python库,如NumPy、PyTorch等。安装这些库以确保ChatTTS的正常运行。

```
pip install numpy    # 安装 NumPy 库,这是一个用于科学计算的 Python 库,提供支持大型、多维数组和矩阵的功能
pip install torch    # 安装 PyTorch 库,这是一个开源的深度学习框架,用于构建和训练深度学习模型
```

在配置完成运行环境后,便可以开始使用ChatTTS实现将文字合成为语音。以下是使用ChatTTS技术进行文字合成的过程,包括从模型加载到生成语音的完整示例。

首先,导入ChatTTS库并加载预训练的文字合成模型。通常这一步骤涉及指定模型文件或模型名称,以确保能够调用预训练的语音合成模型。不同实现的ChatTTS库可能在加载模型时有所不同,但总体过程一致。

在实际操作中,需要关注模型的选择和配置,以便根据具体需求生成符合预期的语音输出。通过适当的配置,可以实现高质量的语音合成效果,使得生成的语音更加自然流畅。

```
import chat_tts    # 导入 ChatTTS 库以便使用其中的功能
# 加载 ChatTTS 模型
model = chat_tts.load_model("chat-tts-base")    # 选择并加载指定的预训练模型,
"chat-tts-base" 为模型名称,根据实际需要可以选择不同的模型
```

使用加载的模型对输入的文本进行语音合成,以下代码展示了如何调用模型进行合成,并将生成的语音保存为音频文件。

```python
def synthesize_speech(model, text, output_file):
    # 使用ChatTTS模型将文本转换为语音
    audio = model.synthesize(text)   # 调用模型的synthesize方法,将输入的文本转换为音频数据
    # 将生成的音频数据保存到文件
    with open(output_file, "wb") as f:   # 打开指定的文件以二进制的形式写入
        f.write(audio)   # 将音频数据写入文件
# 调用synthesize_speech函数,将指定的文本合成为语音并保存为"output.wav"文件
synthesize_speech(model, "你好,欢迎使用ChatTTS技术进行文字合成语音。", "output.wav")
```

在上述代码中,synthesize_speech(将文本转换为自然语音的技术过程,广泛应用于语音助手、有声读物、导航系统等场景)函数负责将文本信息传递给ChatTTS模型,从而生成相应的语音数据。该函数首先调用模型的synthesize(一个通用术语,指通过算法或技术人工生成数据或内容的过程)方法,将输入的文本转换为音频数据。将生成的音频数据以WAV格式(Waveform Audio File Format,一种无损音频文件格式)保存到指定的文件中。通过播放这个音频文件,人们可以直接听到合成的语音,验证语音合成的效果。

这种方法能够将文本信息转换为自然流畅的语音,适用于多种应用场景,例如虚拟助手、语音导航及自动化客户服务等。音频文件的生成和存储不仅便于后续的播放和处理,还能用于语音合成系统的评估和优化。

用户可以通过各种方式播放生成的语音文件。例如,使用Python的PyDub库(Python的音频处理库,用于播放和编辑音频文件)可以方便地播放音频文件。

```python
from pydub import AudioSegment   # 导入用于处理音频文件的库
from pydub.playback import play   # 导入用于播放音频的功能
def play_audio(file_path):
    # 从指定路径加载音频文件
    audio = AudioSegment.from_file(file_path)
    # 播放加载的音频文件
    play(audio)
# 播放生成的语音文件
play_audio("output.wav")
```

在上述代码中,play_audio(一个常见的音频处理函数或方法,用于在程序中播放音频数据。其具体实现方式取决于开发环境和音频类型)函数的作用是从指定路径加载音频文件,并使用play函数播放该音频。AudioSegment.from_file

（Python音频处理库中的一个核心方法，用于从音频文件加载音频数据，返回一个可操作的对象）方法用于读取音频文件并将其转换为AudioSegment（Python库中的核心类，用于表示可编辑的音频数据，提供丰富的音频处理功能，如剪切、拼接、音量调整、格式转换等）对象，play函数则负责将音频数据通过计算机的音频系统播放出来。通过调用play_audio("output.wav")（一个用于播放音频文件的函数调用，通常出现在Python音频处理程序中。其具体实现方式取决于所使用的库），可以直接播放先前生成的语音文件，实现对合成语音的即时试听。通过上述代码，用户可以将生成的语音文件播放出来，验证合成效果。

ChatTTS技术在众多应用领域展现了广泛的潜力，其核心优势在于能够将文本信息转换为自然流畅的语音。以下为一些典型的应用场景。

（1）在虚拟助手领域，ChatTTS技术通过将用户输入的文字信息转换为流畅自然的语音，提升了智能语音反馈与互动体验的质量。这种应用使得虚拟助手不仅能理解用户的指令，还能以人性化的语音回应，从而提升用户的使用体验。

（2）在教育培训中，利用ChatTTS的语音合成能力可以生成教学内容的语音输出，帮助学习者通过听觉获取信息。这种方式不仅适用于听觉学习者，也为不同类型的学习者提供了更多样的学习选择，提升了教学效果。

（3）无障碍服务是ChatTTS技术的重要应用之一。对视力障碍人士来说，ChatTTS能够将文本内容转化为语音，为其提供了一种无障碍的信息获取方式。这种技术有效地消除了信息获取的障碍，使视力受限的用户能够更方便地获取所需的信息。

（4）ChatTTS支持多语言的语音合成，能够为不同语言用户提供本地化的语音服务。通过多语言支持，ChatTTS技术不仅能够满足不同语言环境下的应用需求，还提升了跨语言交流的便利性，为全球用户提供了更加个性化和便捷的语音服务。

总之，ChatTTS作为一种先进的文字合成语音技术，通过其高质量的语音生成能力和丰富的表达选项，为用户提供了自然流畅的语音输出。通过对环境的配置、代码的实现及应用场景的探索，开发者可以充分发挥ChatTTS在各种应用中的潜力。无论是用于虚拟助手、教育培训，还是无障碍服务，ChatTTS都能够显著提升用户的体验，为语音交互技术的发展贡献力量。